普通高等教育工业设计专业"十二五"规划教材

产品设计造型基础

包海默 刘雪飞 王英钰 著

内 容 提 要

本教材以具体的课题为核心，教授学生在解决未知问题的实践过程中增加体验、提高认识、总结规律，使读者能够从大量的教学案例的过程、细节、效果、总结、反思等层面感受到真实的客观规律，掌握有效的操作方法，得到准确的启迪和借鉴。全书共分 7 章，包括关于造型基础课程，结构与造型，机构与造型，材料与造型，感觉与造型，综合造型及造型基础与产品设计。

本教材适用于工业设计和产品设计专业的师生作为基础课教材，也可供有兴趣的读者赏读。

图书在版编目（CIP）数据

产品设计造型基础/包海默，刘雪飞，王英钰著
．—北京：中国水利水电出版社，2012.2（2017.8 重印）
普通高等教育工业设计专业"十二五"规划教材
ISBN 978 - 7 - 5084 - 9463 - 0

Ⅰ．①产…　Ⅱ．①包…②刘…③王…　Ⅲ．①工业产品–造型设计–高等学校–教材　Ⅳ．①TB472

中国版本图书馆 CIP 数据核字（2012）第 022382 号

书　名	普通高等教育工业设计专业"十二五"规划教材 **产品设计造型基础**	
作　者	包海默　刘雪飞　王英钰　著	
出版发行	中国水利水电出版社 （北京市海淀区玉渊潭南路 1 号 D 座　100038） 网址：www. waterpub. com. cn E - mail：sales@waterpub. com. cn 电话：(010) 68367658（营销中心）	
经　售	北京科水图书销售中心（零售） 电话：(010) 88383994、63202643、68545874 全国各地新华书店和相关出版物销售网点	
排　版	北京时代澄宇科技有限公司	
印　刷	北京鑫丰华彩印有限公司	
规　格	210mm×285mm　16 开本　11.5 印张　291 千字	
版　次	2012 年 2 月第 1 版　2017 年 8 月第 4 次印刷	
印　数	7001—10000 册	
定　价	49.00 元	

丛书编写委员会

本册作者简介

包海默　大连民族学院设计学院副教授、副院长。主要从事新产品开发及推广等专业教学研究和实践活动，获得包括美国 IDEA 设计奖金奖、德国 iF 概念奖、德国红点概念奖等在内的 20 余项国际三大顶级设计竞赛奖项，在国内外专业期刊杂志发表作品及论文 30 余项（篇），获得实用新型专利 100 余项，为国内多家知名企业、研究院所和高校开发 20 余款产品。

刘雪飞　大连民族学院设计学院副教授。主要从事设计基础和产品人机关系的研究与教学，获得包括德国 iF 概念奖、德国红点概念奖等多项国际、国内设计竞赛奖项，获得实用新型授权 50 余项。

王英钰　大连民族学院设计学院副教授。1997 年就读于上海戏剧学院舞台美术系，获文学学士学位，2008 年就读鲁迅美术学院环境艺术设计系，获艺术硕士。多年从事设计基础和室内设计方向的教学工作，并参与相关教材的编写 5 部，20 余篇论文及作品发表于国内专业期刊。

工业设计的专业特征体现在其学科的综合性、多元性及系统复杂性上，设计创新需符合多维度的要求，如用户需求、技术规则、经济条件、文化诉求、管理模式及战略方向等，许许多多的因素影响着设计创新的成败，较之艺术设计领域的其他学科，工业设计专业对设计人才的思维方式、知识结构、掌握的研究与分析方法、运用专业工具的能力，都有更高的要求，特别是现代工业设计的发展，在不断向更深层次延伸，愈来愈呈现出与其他更多学科交叉、融合的趋势。通用设计、可持续设计、服务设计、情感化设计等设计的前沿领域，均表现出学科大融合的特征，这种设计发展趋势要求我们对传统的工业设计教育做出改变。同传统设计教育的重技巧、经验传授，重感性直觉与灵感产生的培养训练有所不同，现代工业设计教育更加重视知识产生的背景、创新过程、思维方式、运用方法，以及培养学生的创造能力和研究能力，因为工业设计人才的能力是发现问题的能力、分析问题的能力和解决问题的能力综合构成的，具体地讲就是选择吸收信息的能力、主体性研究问题的能力、逻辑性演绎新概念的能力、组织与人际关系的协调能力。学生们这些能力的获得，源于系统科学的课程体系和渐进式学程设计。十分高兴的是，即将由中国水利水电出版社出版的"普通高等教育工业设计专业'十二五'规划教材"，有针对性地为工业设计课程教学的教师和学生增加了学科前沿的理论、观念及研究方法等方面的知识，为通过专业课程教学提高学生的综合素质提供了基础素材。

这套教材从工业设计学科的理论建构、知识体系、专业方法与技能的整体角度，建构了系统、完整的专业课程框架，此一种框架既可以被应用于设计院校的工业设计学科整体课程构建与组织，也可以应用于工业设计课程的专项知识与技能的传授与培训，使学习工业设计的学生能够通过系统性的课程学习，以基于探究式的项目训练为主导、社会化学习的认知过程，学习和理解工业设计学科的理论观念，掌握设计创新活动的程序方法，构建支持创新的知识体系并在项目实践中完善设计技能，"活化"知识。同时，这套教材也为国内众多的设计院校提供了专业课程教学的整体框架、具体的课程教学内容以及学生学习的途径与方法。

这套教材的主要成因，缘起于国家及社会对高质量创新型设计人才的需求，以及目前我国新设工业设计专业院校现实的需要。在过去的二十余年里，我国新增数百所设立工业设计专业的高等院校，在校学习工业设计的学生人数众多，亟需系统、规范的教材为专业教学提供支撑，因为设计创新是高度复杂的活动，需要设计者集创造力、分析力、经验、技巧和跨学科的知识于一起，才能走上成功的路径。这样的人才培养目标，需要我们的设计院校在教育理念和哲学思考上做出改变，以学习者为核心，所有的教学活动围绕学生个体的成长，在专业教学中，以增进学生们的创造力为目标，以工业设计学科的基本结构为教学基础内容，以促进学生再发现为学习的途径，以深层化学习为方法、以跨学科探究为手段、以个性化的互动为教学方式，使我们的学生在高校的学习中获得工业设计理论观念、专业精神、知识技能以及国际化视野。这套教材是实现这个教育目标的基石，好的教材结合教师合理的学程设计能够极大地提高学生们的学习效率。

改革开放以来，中国的发展速度令世界瞩目，取得了前人无以比拟的成就，但我们应当清醒地认识到，这是以量为基础的发展，我们的产品在国际市场上还显得竞争力不足，企业的设计与研发能力薄弱，产品的设计水平同国际先进水平仍有差距。今后我国要实现以高新技术产业为先导的新型产业结构，在质量上同发达国家竞争，企业只有通过设计的战略功能和创新的技术突破，创造出更多自主品牌价值，才能使中国品牌走向世界并赢得国际市场，中国企业也才能成为具有世界性影响的企业。而要实现这一目标，关键是人才的培养，需要我们的高等教育能够为社会提供高质量的创新设计人才。

从经济社会发展的角度来看，全球经济一体化的进程，对世界各主要经济体的社会、政治、经济产生了持续变革的压力，全球化的市场为企业发展提供了广阔的拓展空间，同时也使商业环境中的竞争更趋于激烈。新的技术及新的产品形式不断产生，每个企业都要进行持续的创新，以适应未来趋势的剧烈变化，在竞争的商业环境中确立自己的位置。在这样变革的压力下，每个企业都将设计创新作为应对竞争压力的手段，相应地对工业设计人员的综合能力有了更高的要求，包括创新能力、系统思考能力、知识整合能力、表达能力、团队协作能力及使用专业工具与方法的能力。这样的设计人才规格诉求，是我们的工业设计教育必须努力的方向。

从宏观上讲，工业设计人才培养的重要性，涉及的不仅是高校的专业教学质量提升，也不仅是设计产业的发展和企业的效益与生存，它更代表了中国未来发展的全民利益，工业设计的发展与时俱进，设计的理念和价值已经渗入人类社会生活的方方面面。在生产领域，设计创新赋予企业以科学和充满活力的产品研发与管理机制；在商业流通领域，设计创新提供经济持续发展的动力和契机；在物质生活领域，设计创新引导民众健康的消费理念和生活方式；在精神生活领域，设计创新传播时代先进文化与科技知识并激发民众的创造力。今后，设计创新活动将变得更加重要和普及，工业设计教育者以及从事设计活动的组织在今天和将来都承担着文化和社会责任。

中国目前每年从各类院校中走出数量庞大的工业设计专业毕业生，这反映了国家在社会、经济以及文化领域等方面发展建设的现实需要，大量的学习过设计创新的年轻人在各行各业中发挥着他们的才干，这是一个很好的起点。中国要由制造型国家发展成为创新型国家，还需要大量的、更高质量的、充满创造热情的创新设计人才，人才培养的主体在大学，中国的高等院校要为未来的社会发展提供人才输出和储备，一切目标的实现皆始于教育。期望这套教材能够为在校学习工业设计的学生及工业设计教育者提供参考素材，也期望设计教育与课程学习的实践者，能够在教学应用中对它做出发展和创新。教材仅是应用工具，是专业课程教学的组成部分之一，好的教学效果更多的还是来自于教师正确的教学理念、合理的教学策略及同学习者的良性互动方式上。

2011 年 5 月

于清华大学美术学院

用形态来传达含义是设计的重要环节。一名合格的设计师应该具有准确运用视觉因素表达思想的能力，即通过形态的变化、组合、肌理、色彩等传达语义，让使用者理解其设计作品的品质、目的、使用方法等信息。我们把训练这方面能力的课程称为"造型基础"。

任何一种形态都是由具体材料构成的。材料的特性、构成形体的结构、成型工艺都将约束着形态的产生，因此，学生对材料的认识和体验是造型练习的重要一环。忽视这一阶段的训练，设计师可能仅是个画家，所设计的形态会毫无制造价值或商业价值。

同一种材料因不同的加工手段会形成不同的肌理，每种肌理都会对应相应的心理感受，不同的材料也会给人带来不同的心理感受。要想训练这种感受，学生离开直接的、实际的体验是学不会的，更不可能仅通过二维的绘画能够掌握，形态感受训练不是纸上谈兵，而是在可触、可感的实际操作中获得的。

纯感受的训练也是需要有确切的含义来评价，不能仅以似是而非的"好看、时尚、帅气、现代"等抽象概念来敷衍了之，对每种形态都要解读其具体的含义，如现代感是以"动感"体现的，还是以"几何感"表达的，或者是各要素综合后得来的含义？评价不是作者个人，也不是教师个人，而是一帮人是否都能感受到你所表达的意思。这种评价的意义在于让学生能够客观地、历史地对待含义，而不是主观臆断，更不是故弄玄虚强调自我个性。因为设计是为他人服务的，是要让别人看得懂。

总之，把握形态的能力是融历史知识、物理知识、工程知识和文化现象等综合因素，通过实际操作做出来、体验出来的，而不是臆想出来或画出来的。形态训练实际上是符号学研究的重要内容。

马春东

2011 年 12 月

于大连民族学院设计学院

对设计教育的认识与实践

目前，我们所沿袭和遵循的设计教育都是以专业为基础的框架式主题型教育模式。所谓框架式主题型教育模式就是严格按照专业类别进行理想课程结构的设定，框架内的每门课程均按照一个确定的主题进行展开。这种教育模式最大的优点莫过于有章可循，有法可依。但这种模式最大的缺点恰恰也是因为有章可循，有法可依而显得教条和冷漠，没有一点生机。对于设计教育来讲，最简单的是技能教育，最难的是设计思维的形成。但这还远远不够。如果说技能是设计行走的工具，设计思维就是行走的路径。有了工具和路径还缺少一个方向，这个方向其实就是价值观，也是设计教育所应表达的声音和态度。

既然如此，如何消除框架式主题型教育的弊端，让设计教育真正活跃起来，真正成为塑造当代经济社会的力量，唯一的办法就是打破预设的框架，赶走假设的主题，把我们的眼光投向所面对的社会。其实，社会就是一个真实的舞台。在这个舞台上，有虚假，有真实。所有这一切构成了我们要面对的"问题"。"问题"就是这个社会的主角，选择"问题"作为我们的研究对象，设计就有了自己的针对性。事实上，解决"问题"的过程也就是我们设计思维形成的过程。因为探讨问题的角度是多方面的，但问题的核心却只有一个。所谓的设计思维，就是从不同的路径抽茧剥丝展示一个真实的世界。我们把这种教育称为"问题导向式设计教育"。我们用问题取代了人为假设的框架，我们把解决问题的路径演化成各门课程，这样的课程体系才会是真正的一体化。只有这样做下去，我们的设计教育才会根植于社会，我们的学生才会透过专业教育看清楚这个时代，形成自己的分析问题和解决问题的能力，而能力形成的过程也会成为人格塑造的过程。我们所说的以专业教育为载体塑造健康人格的目标也就落到了实处。

既然"问题"变得这样有意义，那么，"问题"如何选择呢？选择正确的"问题"是我们"问题导向式设计教育"的前提和基础。这基于我们对三类问题的研究。一是中国社会的发展变迁及我们对社会现实问题的理解和认识；二是中西方文化的差异及我们对自己文化发展的认识；三是对教育本质的理解以及对人的认识。这三类问题为我们打开了一扇窗，使我们逐步看到了外面的风景，但也容易使我们深陷其中，迷惑了双眼。究其原因，主要是当代社会出现了文化的断层和道德的真空，出现了信仰的危机和过度的他信。就如同对于一艘航行的巨轮，无论是快与慢，最关键的是要找到自己的当下位置和要走的路线。设计教育应该承担起这个时代所赋予的责任。因此，那些拘泥于技术和寄托于灵感的人们应该从中获得一些启发，清醒起来。

在设计教育这条路上，我们这个团队走过了 12 年的历程。我们进行了很多大胆的实践。我们所取得的一点点认识得益于一些年轻教师的孜孜以求，他们以忘我的投入表达着对设计教育的热爱。得益于我们的带头人马春东教授的执迷不悔，把设计教育当成了可以寄托灵魂的绿洲。当他们提出让我写一点对设计教育的认识时，我忽然觉得与目前我们所取得的成绩相比，成就已变得不重要，重要的是我们一些年轻的教师已经成熟起来了，重要的是我们的带头人马春东教授的心依旧年轻，10余年的设计追索路让他的目光变得更加坚定。可以说，我们真实地面对着社会"问题"，我们从"问题"中找到了设计的快乐。

王永强

2011 年 12 月

于大连民族学院设计学院

前言
Preface

　　本教材的编写目的。众所周知，基础研究对于一个学科、一个专业的发展至关重要，设计专业同样如此。我们认为设计专业基础教育的目的绝不仅仅是让学生了解技术、掌握原理、通晓物性及感知环境，而是通过这一系列的方式方法，赋予学生必要的感知能力、学习能力和适应能力，并使其拥有高尚的道德和品格，从而能够不断地关注生活的意义，反思生存的价值。基于以上的考虑和观念，我们教学团队在设计专业基础教学的各个层面、各个环节上进行真实、深入、客观的实践和探索，力求为社会培养优秀的设计人才。本教材不一定寻求达到通用和示范的目标，其展示的是在具体的环境背景下，一群特定的师生面对具体问题所采取的一种"实事求是"的态度。读者能够从大量教学案例的过程、细节、效果、总结、反思等层面感受到真实的客观规律，掌握有效的操作方法，得到准确的启迪和借鉴，从而也能够根据自身的实际状态进行"实事求是"的设计专业教学的探索和研究，这就是我们撰写本书的真实目的。包海默老师撰写了本教材的第一章、第四章、第五章和第七章，刘雪飞老师撰写了本教材的第二章和第三章，王英钰老师撰写了本教材的第六章。

　　本教材的教学方式。①从传授知识到实践体验的转变。排除枯燥、抽象、无效的理论陈述、概念定义、分类描述等传授性讲解方式，以具体的课题为核心，让学生在解决未知问题的实践过程中增加体验、提高认识、总结规律。②从注重结果到展现过程的转变。排除仅仅对教学过程中的阶段性、偶发性结果进行孤立展示和抽象解说，力求真实、全面、细化地再现整个教学活动的生动经历，展现作为教与学主体的师生在教学过程中的思考、矛盾、无奈、遗憾、喜悦的多种心态，以及理解的深化过程。③从理论总结到亲身感受的转变。排除教师单一思维条件下的主观臆断行为对深层次问题显现的阻碍，关注学生的切身感受，从学生掌握知识和技能的层面扩展到对生活状态的关注，挖掘能够触动学生改变的积极因素。

　　本教材的客观依据。本教材采用的课题是笔者多年在教学第一线具体实施的教学案例，鲜活生动、真实可靠、问题具体，并经过反复验证，具有一定的借鉴意义和参考价值。教材采用的课题以能够说明问题为选用的首要条件，而绝非实验结果的成功或者失败，因为大部分情况下失败对读者的启示远大于成功对读者的鼓舞。教材尽可能不引用、不评论任何笔者不了解的所谓经典案例，这种主观的没有根据的猜测和判断往往没有说服力，也会给读者造成不必要的困扰和误导。

　　诚然，由于编者的能力有限和教学环境、教学对象的差异性，教材中所呈现的相关案例具有一定的局限性，需要在今后的研究中不断地深化、调整、丰富和继续完善。但我们期望这些勇敢的尝试和切片式的展示方式会给不同的读者带来些许启发和参考，这也是我们最大的愿望所在。在参考和借鉴的过程中，大家也可以根据自身的实际情况分段选用和灵活调整。这里，我们整个教学团队还要感谢大连民族学院设计学院 2003~2009 级同学多年来与我们共同的坚持和给予我们的支持！

包海默

2011 年 12 月

目　录
Contents

序 1

序 2

序 3　对设计教育的认识与实践

前言

第 1 章　关于造型基础课程 ·· **001**

1.1　对"型"的理解 ·· 002

1.2　对"造型"活动的认识 ·· 003

1.3　造型基础课程 ·· 004

1.4　造型基础课程的价值与作用 ·· 007

本章小结 ·· 008

第 2 章　结构与造型 ·· **010**

2.1　力学结构与造型的关系 ·· 011

2.2　纸桥承重 ·· 012

2.3　纸塔设计 ·· 036

本章小结 ·· 050

第 3 章　机构与造型 ·· **051**

3.1　机构与造型的关系 ·· 052

3.2　玩具机构 ·· 052

3.3　玩具产品 ·· 065

本章小结 ·· 084

第 4 章　材料与造型 ·· **085**

4.1　材料与造型的关系 ·· 086

4.2　材料收集与发现 ·· 087

4.3　材料表现与体验 ·· 099

本章小结 ·· 109

第 5 章　感觉与造型 ·· **110**

　　5.1　感觉与造型的关系 ······································· 111

　　5.2　抽象感觉：飞行、飘动、悬浮 ····························· 112

　　5.3　综合感觉：风格、语义 ·································· 123

　　本章小结 ··· 134

第 6 章　综合造型 ·· **135**

　　6.1　造型基础的综合造型基础 ······························· 136

　　6.2　自然空间解读与塑造 ·································· 138

　　本章小结 ··· 156

第 7 章　造型基础与产品设计 ·································· **157**

　　7.1　造型基础对产品设计专业的基础作用 ······················· 158

　　7.2　产品设计案例解析 ···································· 159

　　本章小结 ··· 169

参考文献 ·· **170**

后记 ··· **171**

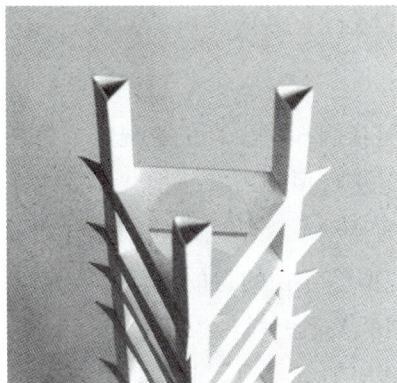

第1章 | 关于造型基础课程

本章内容

首先重新认识和剖析"型"与"造型"的基本概念，然后从目的、要解决的问题、内容要求、授课方式4个方面解读造型基础课程。最后对课程的价值和作用进行具体阐释。

本章重点

掌握"型"和"造型"的基本关系，同时，从整体的角度对课程体系和课程要解决的问题有初步的了解。

　　造型基础课程已经讲授了多年，但我们却很少真正审视这个每天挂在嘴边的概念。字面上我们很容易对两个核心概念"型"与"造型"进行单独理解，把"型"定义为某种特殊意义的形态，而"造型"就是创造这种特殊意义形态的行为活动。这种词性的区分方式看似解释了词义，但却没有揭示概念本身蕴含的规律和道理。比如说，"型"存在的目的是什么，其蕴含的特殊意义是指什么，"造型"活动的目的又是什么，其与"型"之间的关系怎样？

　　对以上这些问题研究的意义不仅限于概念本身，其中还有着对自然规律、生活方式和教育价值的多重理解。

1.1　对"型"的理解

　　我们周围的世界充斥着各种各样的物质，每一种物质都有存在的特殊形态，这些形态有美妙的、优雅的，也有丑陋的、粗犷的。如果说世界是由物质组成的，那世界也必然是由形态构成的。一般来说，我们经常将形态分为自然形态和人工形态。自然形态最大的特征在于不规则性、随机性、差异性、变化性、不可预知性和不可控性。没有任何两种事物具有相同的形态，这是自然形态看起来如此生动的原因所在。究其原因，就是自然环境条件的差异导致其影响下的形态的巨大差异。比如同一棵树木上的叶子由于所处的位置不同，导致其获取的阳光、养分、水分、遭遇的虫害有所不同，生长形成的形态必然产生一定的差异。而人工形态最大的特征在于它的规则性、计划性、同质化、可预知性和可控性，是人类按照对自然的理解和其建立的理解世界的规则和方式（物理、数学、化学、生物等学科的基本理论）所创造出来的形态。尤其是进入到信息化时代，伴随着计算机和数字加工技术的普及，高精度机器的加工工艺可以使形态产生的条件和过程达到完全相同的标准，用肉眼已经很难分辨机器创造的形态间的细微差异，人类以其特有的方式改变着物质形态的产生方式和存在方式。

　　通过上述比较可以看出，自然形态和人工形态实际上是有着本质上的区别的。自然形态实际上是在一种自发的系统中慢慢形成的，其组织结构相对复杂，不确定，严格意义上不能计算，更不能一模一样地复制；人工形态实际上是在一种人可以掌控的系统中形成的，其组织结构相对简单、确定、可计算、可复制，人类很容易熟悉和理解它，也必然对这种人工形态投以更多的关注。从这个角度和层面来看，可以对"型"的概念有一个重新的认识。我们每日提及的"型"已经不是简单指我们周围事物的具体形状的概念，而是涉及诸多成形要素且固化在我们头脑中的一种观念和符号，而且正是依靠这种经过高度概括的观念和符号，我们才能有效地进行思考和创造性活动。

　　但是，从自然界中千变万化的形态中抽象出可以用于制造人工形态的规律也需要一个复杂的抽象和概括过程。比如：我们小的时候很难对一些事物进行区分，往往把某些形体近似的动、植物相混淆。

随着时间的推移，对事物特征的归纳、概括和抽象过程在头脑中反复发生，逐渐可以使我们清晰、快速、准确地辨别出不同种类的事物。这个不被注意、潜移默化的思辨过程实际上正是人脑对"型"的特征不断分类、概括和特征提取的过程。这个过程一直伴随着每一个人的成长历程，已经成为我们生活的组成部分。从这种意义上来说，"型"所涉及的内涵和外延已经没有了专业和学科的界限，仅是我们理解自然世界，借鉴自然规律和原理，创造自己世界的一种认知载体。我们之所以研究"它"，目的就在于要不断探索何种形态能够既满足我们的生存和发展的需要，又能够像自然物一样能够与周围的环境相互协调，共生共存。

1.2　对"造型"活动的认识

前面已经简单地对"型"的概念进行了剖析，而后必然引发一个新的问题，即"型"是如何出现和产生的。纵观整个自然界，不同的生命体和非生命体每时每刻都在变化，如树木生长、岩石风化、冰川消融等。这些过程基本上是自然而然发生的，没有经过人为的干预，可以称之为"成型"。首先，这种"成型"过程一般都需要较为漫长的时间，一般不容易被人察觉。例如我们在短时间内观察树木时，很难察觉到其具体的变化，但时隔一段时间再看，变化就较为明显。其次，这种"成型"的过程基本上都是事物自身发展的一种需要，并不是外力强加的。这种产生于内部的变化往往使自然界中的动、植物形态更加具有一种合理性和特有的美感。反观人造物的世界，无论建筑、飞机、汽车、电器、服饰还是食品，都要经过预先的计划，通过不同的工艺对不同的材料进行塑造和整合，这个过程就是我们所说的"造型"。相对于"成型"，"造型"的过程一般需要很短的时间，即使是复杂的大型建筑或飞机，在条件完备的情况下也可以在很短的时间内顺利完成。再次，这种"造型"的过程基本上都是为了满足人类的某种需要为目的，比如建筑是为了居住、遮风挡雨，交通工具满足我们快速、安全、舒适的运动需求，不同的电器能满足多种生活的要求等。人类总是希望以这种高效快速的方式对形态进行塑造，马上呈现出其希望的状态和功能。但这样的造型方式很难经得起长期的推敲，所以我们需要不断地探索更有效的"造型"方式和更可靠的"造型"依据。图1.1是对"成型"和"造型"的对比分析图。

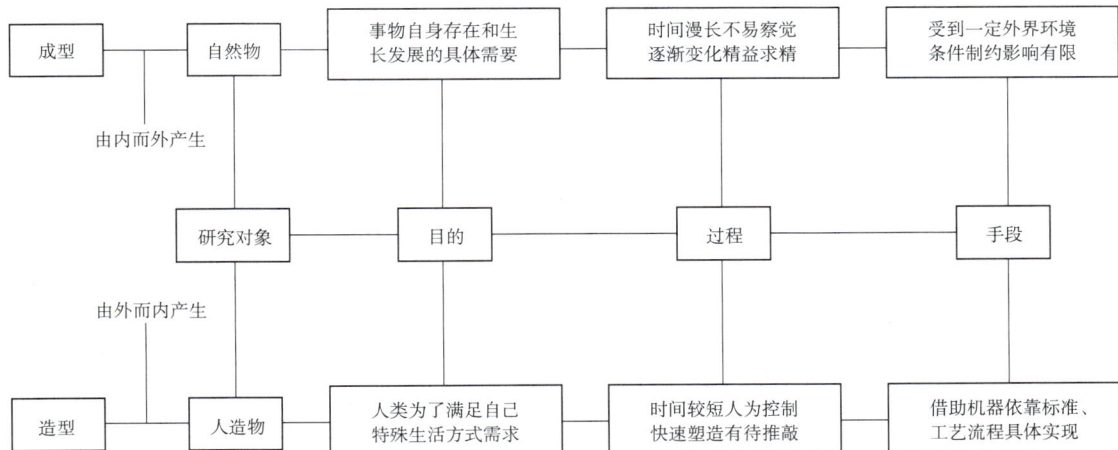

图 1.1

我们研究造型的最大目的就是通过对自然界"成型"原理和规律的研究，在人类存在的时间尺度范围内，通过归纳、抽象、逻辑等思维方法，利用人类掌握的数学、物理、化学、材料、工艺、流程等相关知识，借助各种机器和工具创造和模拟出既能满足人类需求，也符合基本自然规律的人造物，有效地缩短造型的时间，提高造型的合理性。

1.3　造型基础课程

图 1.2 是大连民族学院设计学院院长马春东教授规划的工业设计专业的专业课程体系图示。作为工业设计专业最核心的基础课程。造型基础 1~4 分别从结构、传动、材料、感觉和综合等方面训练学生的基本技能、思维方法和做事的方式。显然，基础与专业交叉构成了一个拥有对角线的平行四边形的图式，就是随着年级的增长，基础课程的比重逐步减少，专业课程的比重逐步增加，但并不意味着两者的截然分离。反而，低年级的基础训练中也开始结合专业，高年级的专业课中仍有基础的成分。专业和基础贯通于整个 4 年教学过程中，专业与基础一直衔接和交融在一起，这是符合教育规律的课程构成方式。

1.3.1　课程目的

教师研究小组讨论课程时，首先提到的是课程的目的，即开设这门课到底要干什么，能解决什么问题，能带给学生什么东西，而且描述一定要具体、明确、清晰，不能含糊地讲一些笼统、概括的话。达成共识后，才能开展下一步的工作，才能考虑要达到这个目的用什么方法更有效、更管用。从后面的课程体系图示中可以看出，造型基础课程不仅是一两门课程，它是一个完整的课程体系，这个课程体系在一年级的时候最强，二年级的时候要求更高并开始跟专业相融合，三年级以后真正成为专业的一部分。它是逐步地渗透到专业里，潜移默化地对专业产生影响。毋庸置疑，造型基础课程带给学生一个什么样的基础将决定学生在专业学习的道路上有一个怎样的未来。这种基础不仅仅是专业知识、专业技能层面的，更应该是思维方法和做事方式层面的。

无论基础课程还是专业课程归根到底都是一种载体，是培养学生某种素质和能力的载体。基础性训练应该使学生具备最基本能力和素质，这也是其将来从事一切设计活动的基础，而绝不仅仅是服务于某个领域研究为目标的。经过长期的实践和探索，我们清晰地给基础课程的目的进行了定位，即培养学生的自主学习能力，使其掌握科学的思维方法，拥有基本的专业知识和技能，做事中具有合作沟通的意识和解决实际问题的能力。课程正是围绕这些明确的教学目的进行课题的设计、授课模式的创新、评价体系的构建等一系列有的放矢的建设性活动。

1.3.2　课程要解决的问题

理解事物存在规律。该系列课程基本上都是从师法自然的角度，让学生通过对自然物和人造物的剖析，去了解物体的结构、力学、传动、运动、材料、空间、功能、审美之间的系统关系，体会物质存在的合理性依据，或曰"适者生存"的原理。这些规律是学生在研究、实践和讨论的过程中自己发现的，不是教师总结的现成结论，是主动的选择和探求，不是被动的灌输。这样学生才能真正理解掌握，成为自己的认识。

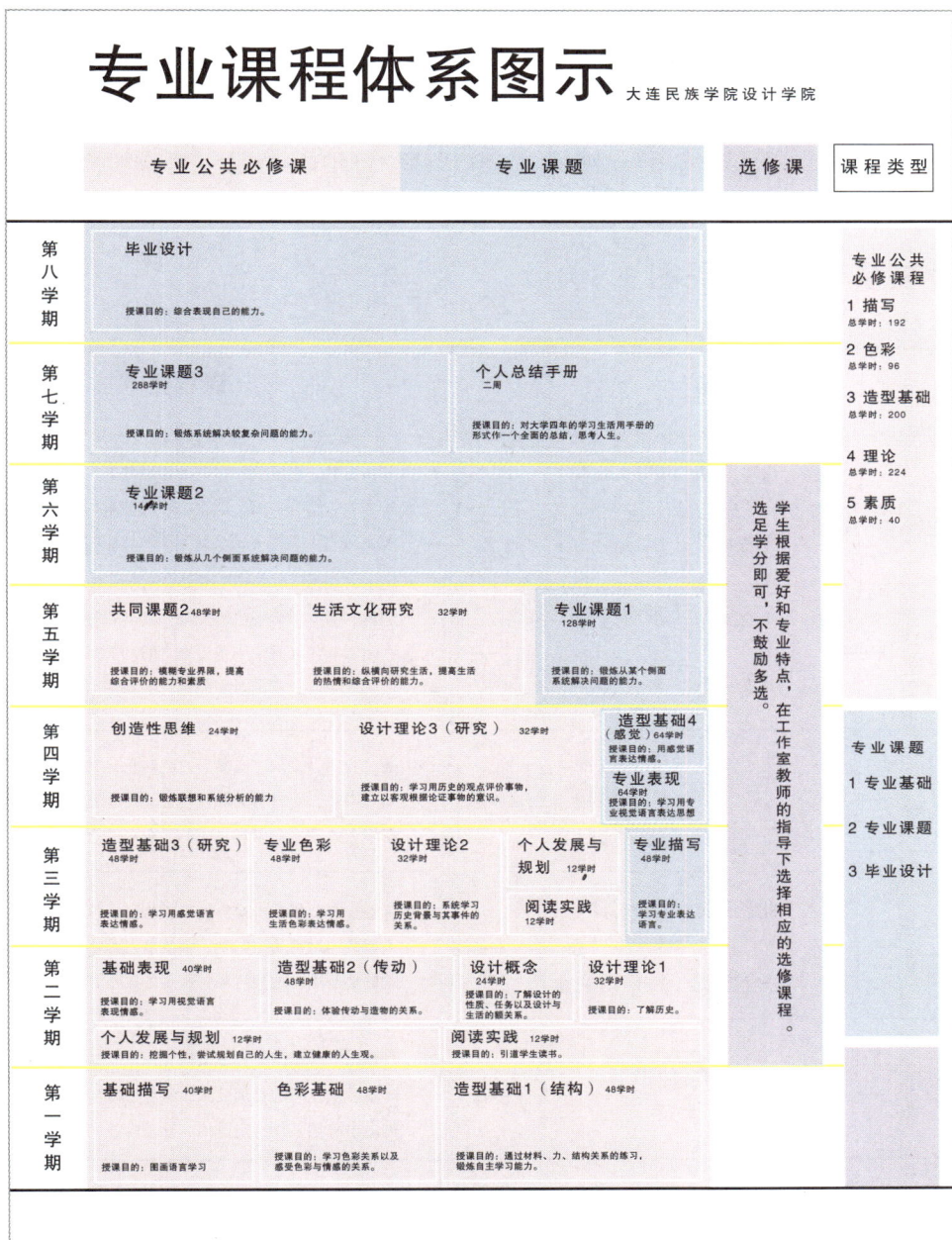

专业课程体系图示 大连民族学院设计学院

专业公共必修课	专业课题	选修课	课程类型

			专业公共必修课程
第八学期 毕业设计 授课目的：综合表现自己的能力。			1 描写 总学时：192
第七学期 专业课题3 288学时 授课目的：锻炼系统解决较复杂问题的能力。	个人总结手册 二周 授课目的：对大学四年的学习生活用手册的形式作一个全面的总结，思考人生。		2 色彩 总学时：96
第六学期 专业课题2 14学时 授课目的：锻炼从几个侧面系统解决问题的能力。			3 造型基础 总学时：200
			4 理论 总学时：224
第五学期 共同课题2 48学时 授课目的：模糊专业界限，提高综合评价的能力和素质。	生活文化研究 32学时 授课目的：纵横向研究生活，提高生活的热情和综合评价的能力。	专业课题1 128学时 授课目的：锻炼从某个侧面系统解决问题的能力。	5 素质 总学时：40
第四学期 创造性思维 24学时 授课目的：锻炼联想和系统分析的能力	设计理论3（研究） 32学时 授课目的：学习用历史的观点评价事物，建立以客观根据论证事物的意识。	造型基础4（感觉）64学时 授课目的：用感觉语言表达情感。 专业表现 64学时 授课目的：学习用专业视觉语言表达思想	专业课题 1 专业基础 2 专业课题 3 毕业设计
第三学期 造型基础3（研究）48学时 授课目的：学习用感觉语言表达情感。	专业色彩 48学时 授课目的：学习用生活色彩表达情感。	设计理论2 32学时 授课目的：系统学习历史背景与其事件的关系。	个人发展与规划 12学时 阅读实践 12学时	专业描写 48学时 授课目的：学习专业表达语言。
第二学期 基础表现 40学时 授课目的：学习用视觉语言表现情感。	造型基础2（传动）48学时 授课目的：体验传动与造物的关系。	设计概念 24学时 授课目的：了解设计的性质、任务以及设计与生活的额关系。	设计理论1 32学时 授课目的：了解历史。
个人发展与规划 12学时 授课目的：挖掘个性，尝试规划自己的人生，建立健康的人生观。		阅读实践 12学时 授课目的：引道学生读书。	
第一学期 基础描写 40学时 授课目的：图画语言学习	色彩基础 48学时 授课目的：学习色彩关系以及感受色彩与情感的关系。	造型基础1（结构）48学时 授课目的：通过材料、力、结构关系的练习，锻炼自主学习能力。	

（竖排）学生根据爱好和专业特点，选足学分即可，不鼓励多选。在工作室教师的指导下选择相应的选修课程。

图 1.2

掌握基本认知方法。通过系列课程中的典型课题，学生将逐步掌握人类认知世界的基本规律，即感性—知性—理性的认知过程。每一个课题首先会让学生从直观的感觉要素入手获取必要的信息，然后通过逻辑分析的思维方法建立感觉和规律之间的联系，最后将辩证分析获得的隐藏在事物背后的规律通过必要的造型语言进行清晰、准确的传达。这个过程会使学生理解和掌握发现问题、分析问题、解决问题的基本方法。

具备扎实专业技能。课题的设置需要通过实际触摸材料和实际动手制作来完成。这个过程大大提高学生的绘图能力、计算机水平以及模型制作技巧。车间是主要的工作场所，在那里学生将充分掌握常用的材料特性、标准的工艺流程、丰富的造型手段，这是学生将来从事专业领域研究工作所必备的技能。

磨炼个人意志品质。课题中有很多环节都具有一定的挑战性。不论是满足力学、结构的要求，还是要展现材料、造型的特殊感觉，都要反复实验，面临不断失败的挑战，这个过程能够很好地磨炼学生耐性，培养其具有一种坚强的意志品质和永不放弃的做事态度。同时，要想进一步提高作品的完成度，需要对作品每一处细节进行精益求精的处理，这种严谨的态度也会被带入到以后的工作情境中。

1.3.3 课程内容与要求（见图1.3）

课程内容		课程要求
力与造型	纸桥承重（横向受力） 纸塔承重（纵向受力）	师法自然，理解事物存在的合理依据，反复实验，掌握力、结构功能、造型之间的关系，并将这种关系应用于实践，完成具有某种功能的器具设计。
机构与造型	玩具分析（理解分析） 玩具产品（探索设计）	通过拆解学习掌握机构传动的基本原理知识、核心因素和传动系统中各要素之间的关系，设计可以实现单向、双向及多向运动的功能型玩具产品。
材料与造型	收集发现（物理属性） 表现体验（化学属性）	通过收集、发现、实验等过程认识日常生活中自然材料和人造材料的属性特征，用全新的构成和组织方式使材料呈现本质的、全新的视觉感受。
感觉与造型	抽象感觉（飘、浮、飞） 综全感觉（风格语义）	仔细观察分析动、植物的形态特征，从具象造型入手，通过模仿、归纳、抽象的过程能够塑造抽象的形态准确地表达某种特定的视觉和心理感受。
综合造型	自然空间解读（思维方法）	借助自然科学的研究成果研究形态生成与其周围环境因素之间的合理关系，结合适者生存的理念，创造出满足某种特定居住、活动功能的空间形态。

图1.3

1.3.4 授课方式

以课题为中心。排除简单、枯燥的理论讲授的教学模式，引入以"问题"为中心的教学模式。围绕要解决的问题，能将分散在多学科中的零散知识点进行有效整合，形成一个完整的知识链条。这是学生通过自己的努力获得的，并不是被传授的。

强调过程体验。最好的学习方式就是亲身体验，从观察现象、查找资料、选择素材到构筑作品的每一个环节都要每个学生亲身经历，这种体会和感受就会留存在学生的记忆深处。

鼓励动手实践。要将学生带到实验车间中，让他们真正动起手来，先变成工人，再做回学生。只有不断地实践才能实现边学边做、边做边悟、边悟边改，达到学与用的有效统一。

注重三方评价。课程采用学生—教师—客观三位一体的评价机制。师生通过平等的讨论、客观的实验找出问题的关键和失败的原因，从中共同增长经验，提高认识（见图1.4）。

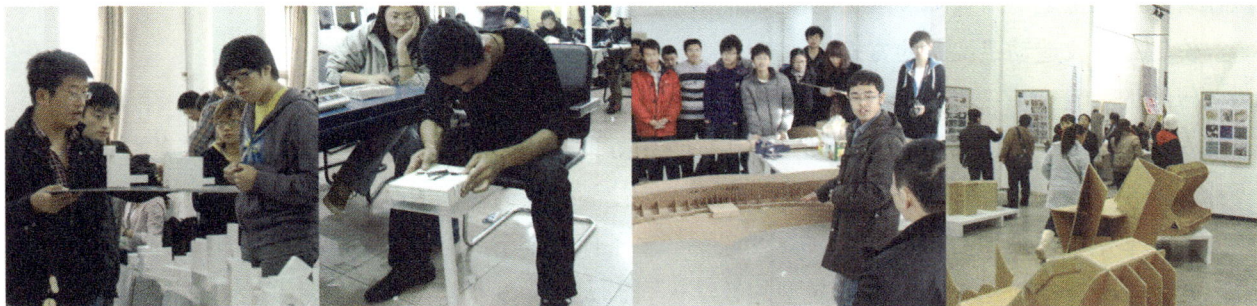

图 1.4

1.4 造型基础课程的价值与作用

造型基础系列课程是最早面对学生的，集合了机械学、生物学、建筑学、美学和材料学等多学科知识的系统性课程。该课程要解决和突破的不仅仅是课程本身的问题，而是对知识、实践、能力和教育问题的重新理解和认识。

人类的历史积累了包括各种发明、发现的大量知识。作为一种工具，人类积累的知识被用来处理现实的问题，它就变成了一种习以为常的经验。然而，我们所处的环境和面对的问题是不断变化的，所以知识也需要被不断地改进。教育过程不应该仅仅传授那些固化的知识，而应该帮助学生建立一种获取知识的途径和改造经验的有效方式。传统的教育还往往有这样一种认识，认为现在教授给学生的东西的价值被认为多半要取决于遥远的未来，学生所以要做这些事情，是为了他将来要做某些别的事情，这些事情只是预备而已。结果是，教育过程并没有成为学生生活经验的一部分，学生从中无法获得真正面对问题时的解决能力。真正的教育过程应该是生活本身，是实践本身，而不是对未来生活的准备。学生在此时此刻获得的能力就是他应该通过这个过程获得的，无论对现在还是未来都具有价值。

教育归根到底的核心问题还是培养人的问题，什么样的目标产生什么样的课程体系，什么样的课程体系造就什么样的人才规格。我们的教育要以阐明事实为根本，使学生成为立足于生活本身，具有开阔的视野，系统化的思维方式，充盈的知识结构，扎实的专业技能，敏锐的感知能力和必要的责任感的对社会有用的人才。当然，造型基础课程本身所具备的综合性、结构性、实验性、过程性和扩展性等方面的特征为人才培养打下坚固的基础。

价值一：改造获取知识的方式

传统的教育大多数传授过时的、僵化的知识。这种知识以固定的教材形式提供给学生，教师照本宣科，成了传授知识和技能以及实施行为准则的代理人；学生死记硬背，获取知识的途径基本上都是通过课堂上的口耳相授，这种填鸭式的教学方式无法让学生获取有效的、记忆深刻的信息和知识。造型基础系列课程改变了学生获取知识的方式，以"问题"为中心的讨论式授课方式使学生和教师站在同一起跑线上，教师没有了绝对的权威，学生也失去了必要的依赖。每一个课题，师生双方都是新手，都要做大量的准备工作。每当通过细致的观察、分析、研究、讨论和实验等过程解决了一个问题，他们就获得了一次宝贵的经验，这种经验是非常真实的，是亲身经历的，是记忆犹新的。这种获取知识的方式将不是依据学科对知识进行分类，而是根据解决问题的需要将相关的知识点穿成相互关联的知识脉络，这也正是最高效和最系统地掌握知识的途径。

价值二：改造动手实践的方式

传统的教育也有一些实践操作的环节，比如我们都经历过的物理实验、化学实验、生物观察等。不难发现，这些所谓的实验基本上都是在预先设定好的环境、材料、流程、时间等规定条件下进行的一种对已知结论的验证过程。这种既定的实验无法使学生在面对随时变化的外界环境时具有足够的适应力。造型基础系列课程中的课题往往设定一个多条件限定下的标准，且不局限学生达到这个标准所采取的手段和方式。这种有目的导向型的教学模式极大地激发了学生的探索和研究热情，针对同一个问题会产生多种多样的解决方案。同时，不同的方案又促使学生探索和掌握多种材料和工艺的相关知识，增加了实践环节的价值。

价值三：改造思考问题的方式

传统的教育过程中有一个很明显的弊端，就是直接给出了太多的结论。学生往往被告知某件事情是怎样的，但很少被解释为什么会是这样的。仅有的论证过程大多数也都如数学公式、物理定律、化学分子式一样在纸面上进行逻辑推导式的论证。这个看似快速高效的过程实际上很大程度地剥夺了学生自主学习的本能。实用主义教育家杜威曾经提出：人类生来就具有三种基本的本能，即社会的本能和活动、制作的本能和活动、研究探索的本能和活动。实际上，这些本能也是人类认知世界、思考问题的基本方式，即从感性到知性，从知性到理性的自然过程。造型基础系列课程中的课题基本上都要求学生采用师法自然的方法，从感性的层面入手，经过探索和研究获得事物存在的依据，并以此为出发点进行新的创造。课题进行的流程符合学生认知世界、思考问题的自然规律，是对学生思维方式和做事方式的全新改造过程。

价值四：改造人才培养的观念

传统的教育观念中对人才的培养是与学科分类紧密相关的，其目标是将学生培养成为某一领域的专业人才。随着社会的发展和行业界限的模糊，这种传统的人才培养观念也开始难以适应社会对人才的多元化需求。学校传授给学生的知识、技能和方法往往与企业的实际需求不相适应，供需双方各执一词，难以调和。大学的人才培养到底应该给学生什么，是所有基础性课程都需要探讨的问题。我们认为最重要的应该给学生两样东西，即一个合理的知识结构和一种自我发展、自主学习的能力和意识，这样才能使学生成为对社会有用的人才。造型基础系列课程中的课题设定要求学生打破原有的专业界限，以一种融会贯通的方式将相关学科的知识点糅合起来，形成适合每个人的独立的、完整的知识结构，这种知识结构能在今后的学习和工作中被不断地补充、完善，这个过程也会逐渐强化学生自主学习和自我发展的意识，使其素质更加综合，可以适应多种不同领域的工作。

本章小结

本章是本教材的开篇，需要对关键的概念和认识观念进行必要的阐述。首先对"型"和"造型"的概念进行简要的剖析。接下来，针对课程本身，从目的、要解决的问题、内容与要求、授课方式等

4 个方面全面、清晰、准确地为课程定位。最后，从知识、实践、思维方式和培养观念 4 个方面阐述了课程的价值和作用。该章从较为宏观的角度阐述了造型基础课程作为工业设计专业，乃至整个设计学科最为重要的基础课程之一，对学科发展和人才培养的重要意义，这个基调的准确与否直接关系到课题实施具体过程中的每一个微小的细节，关系到全体教师和学生以一种什么样的心态和姿态来面对这个特殊而重要的教学过程。

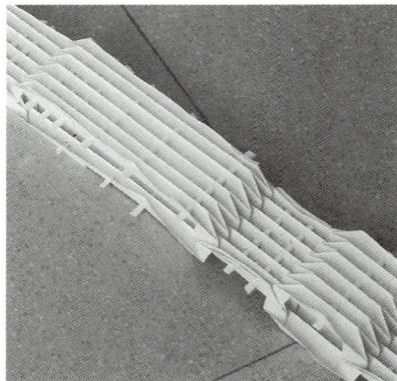

第2章 | 结构与造型

本章内容

分析自然界中各种事物的成型规律。归纳、抽象出其结构特征与造型间的对应关系。通过师法自然的方式，反复实验，将这种对应关系应用于设计实践，完成具有某种指定功能的器具设计。

本章重点

通过研究自然物的结构特征，理解力、结构、功能与造型的关系。通过关联性应用和不断尝试的过程，磨炼学生的意志和动手能力。过程中要注重对学生分析、抽象、归纳、概括能力的培养和锻炼。

2.1 力学结构与造型的关系

我们生活的世界中充满了形态各异的自然物和人造物。这些自然物和人造物造型的存在都具有其目标功能层面的意义，即事物的造型是适应其功能性需要而存在的。而在诸多功能中力学功能是事物造型存在的重要因素之一，如贝壳、龟甲造型的功能，是为了保护身体；树干造型的功能是为了支撑树冠，以获得更多的阳光；扳手造型的功能，是为了让人更容易拧螺丝；桥梁造型的功能是为了支撑桥面，以便于人们和车辆能够顺利地通过。对于初涉设计的学生来说，首先要明确造型的目的不是简单地追求视觉效果，而应该是通过造型来满足人们功能上的需要。

自然物、人造物的造型是由众多构成元素，按照一定规律结合而成。这种物体元素的结合方式我们在这里称为结构，即结构是物体造型元素相互结合、相互关联的方式。而能够满足一定力学功能需要的物体造型元素的结合方式，我们称之为力学结构。

自然物、人造物的造型元素按照一定规律结合构成具有力学功能的造型结构。因为不同物体的力学功能目标不同（异功异构），或者力学功能目标相同而造型元素构成方式即力学结构不同（同功异构），所以才导致了物体造型的多样性存在。如：不同种类的植物，由于不同繁殖方式的需要，进化成截然不同的繁殖造型结构；而相同种类的贝壳，虽然其造型力学功能目标都是为了保护身体，但因为生存环境的差异等诸多因素的影响，经过长时间的自然演化，最终形成了具有差异化结构特征的贝壳造型。

设计类专业学生在未来的工作中将会遇到大量与造型相关的工作，所以在学习造型之初，一定要强化学生对力、结构和造型关系的认识。让学生学会"师法自然"，即从自然物和人造物中学习其造型结构的构成规律和方法，并运用它们去解决现实生活中的力学问题。通过课题让学生学会如何去思考、如何去学习，这是造型基础课程要解决的首要问题（见图2.1）。

图 2.1（一）

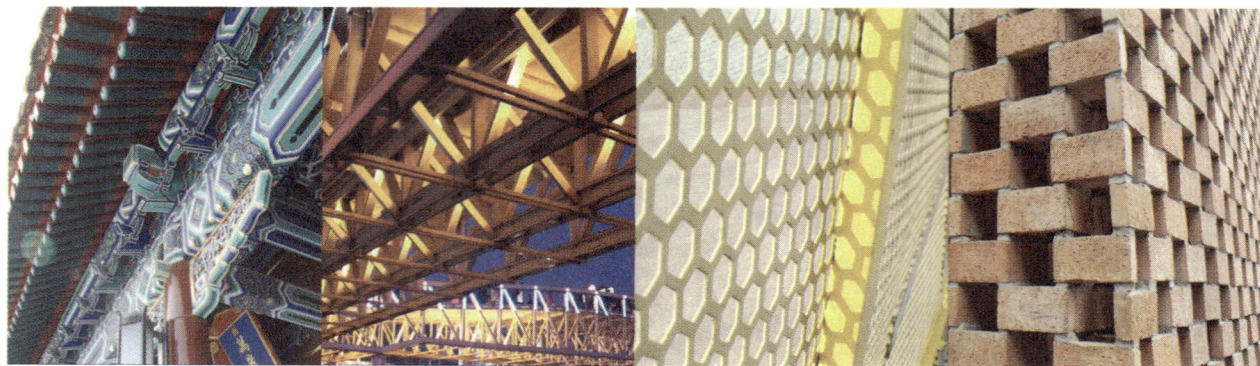

图 2.1（二）

2.2 纸桥承重

2.2.1 课题背景

力学功能是造型的基本功能之一。理解力、结构和造型的关系，通过训练学会分析造型中的力学结构，并运用具有力学功能的结构去造型是设计类学生必须要掌握的能力。具体到教学实践，运用何种方法去有效地训练学生的这些能力，如何设置课题，需要考虑以下几个方面的因素。

（1）学习发现，强化认识。我们生活的世界中自然物和人造物造型的存在都具有其功能层面的意义，力学功能就是其存在意义之一。尤其是自然物的造型，更是自然演化的结果，其造型的力学功能使它们能够最适合的存在。发现自然物的造型结构，结合其存在的需要，追根溯源地去分析其造型的力学功能，这种方式的训练能够强化学生对力、结构和造型关系的认识。

（2）结合问题，学会学习。工学理论课程通常采用理论计算的方式对抽象造型的力学结构进行研究，在理论知识方面很完整、很深入。但在实际设计运用中，学生往往很难把抽象的理论与具体的设计相结合，容易导致理论和实践的脱节，知识和能力的不等同。要提高学生运用力学结构进行造型的能力，应该从实际的问题入手，这样更形象、更具体，学生能够在分析问题、解决问题的过程中自主自发地去学习，学到的知识也更具实用性。

（3）动手制作，实际体验。设计专业学生不能只会纸上谈兵，"应用"才是检验一个人是否具有能力的最终标准。学生要在不断的动手实验中感受不同力学结构的稳定性、合理性和力学性能，避免主观臆断；了解材料、工艺等其他因素对于结构力学功能的影响，在实践中不断积累学生的运用力学结构的造型经验，切实提高学生的造型能力。同时，在解决实际问题的过程中也能够培养学生严谨认真的做事习惯，增强学生解决问题的勇气和能力（见图 2.2）。

1. 课题内容

结合课题需要，寻找适合的自然物，从宏观和微观等多角度对其力学结构特征进行剖析。分析自然物的某方面力学结构特征与功能的关系，并对其进行抽象，试验该力学结构的受力能力，采用人造的材料运用这些结构，使其具有使用价值。

分析自然物：分析 3 种自然物（植物、动物等），抽象分析其力学结构特征，时间 1 周。

图 2.2

纸桥承重：2 个试验模型，进行承重试验，时间 1 周。

瓦楞纸承重：1 件（注重作品的力学功能、美感和完成度），时间 2 周。

2. 课题目的

本课题没有理论内容，而是把抽象的理论知识融入到具体的问题中。目的就是为了让学生在课题的进程中，理解物体的材料、结构、力、功能和审美之间的关系，学习分析和运用造型的力学结构解决问题的方法，增加学生的造型能力，积累学生的造型经验。本课题核心目的是培养学生发现问题、展开问题、分析问题、解决问题的能力，教学生如何去学习。

3. 课题重点

课程的重点在于过程。要想有效地完成课题，学生必须要结合自己的特点，去选择自己熟悉和感兴趣的自然物作为研究对象，运用身边各种可借用的条件和方法对其力学结构进行剖析。结合自然物本身的力学需要，来分析自然物力学结构的力学功能，分析要有依据，避免猜测和主观臆断。了解物体的材料（微观的结构）、结构、力、功能和审美的关系，并抽象分析出其原理。

4. 课题提示

自然物的造型是复杂的，这种造型的复杂性是由于它的存在环境、存在条件、存在需要决定的。学生选择自己熟悉的自然物作为研究对象，更有利于分析的顺利进行。要求学生选择他们感兴趣的自然物是为了在课题的开始就引起学生的学习兴趣，更好地激发学生的学习热情。另外，这种观察和发现的要求，也能够引导学生更多地去关注身边的事物，更好地关注生活细节，养成学生善于观察和发现的习惯。

客观世界无论是自然物还是人工物，表象上都是复杂的，抽象分析能够帮助我们把握事物的核心。自然物力学结构的剖析与抽象是课题的一个难点。学生在这个过程中要打开视角，尽量多地尝试各种方法（如：实地观察、查阅资料、咨询专业人士和借助设备实验等），调动一切可利用的资源，排除干扰，多层面、多角度地去分析自然物的某方面造型结构，并结合相关的理论知识才能够对自然物的力学结构有效地进行抽象分析。这个过程是对学生分析问题、展开问题、研究问题的能力的训练。

模型承重试验需要学生动手去制作和反复试验、调整，最终的设计作品也需要以模型的方式展示出来。这样不但可以让学生通过实际的制作和试验更直观、更深刻地感受造型、结构、力、材料和审美之间的密切关系，而且能够提高学生动手操作的能力，养成严谨认真的工作习惯。

2.2.2　课题设置

1. 第一阶段：分析自然物的力学结构（12 学时左右，分值：30 分）

（1）具体内容。

每位同学选择 3 种熟悉、感兴趣的并具有横向抗折能力的自然物（动物、昆虫、植物等均可）作为研究对象。结合 3 种自然物各自的抗折能力或功能，分别分析其具有抗折能力的具体原因（外部结构、内部结构、组织细胞结构等），并把 3 种自然物的抗折力学结构抽象表达出来。

（2）要求。

自然物的选择，要尽量选择抗折能力表现比较强烈的自然物作为研究对象（如竹茎、草茎、树枝、贝壳、坚果、骨骼、甲壳等）。同时自然物的选择要尽量单纯、具体，避免选择那些抗折能力表现不明显的自然物（如苹果、黄瓜、番茄等）或者力学特征表现过于复杂的自然物（如鸡蛋、动物肢体等）。对自然物力学结构，要尽量尝试从宏观、微观等不同层面、多角度深入地去进行分析，以确保能够较完整地研究出自然物的实现抗折能力的结构特征。自然物抗折力学结构的抽象要结合理论研究进行，表达要具体、明确、结构特征强烈。

（3）作业形式。

采用图文并茂的形式（具体表达方式不限），将选择的分析对象、分析自然物抗折能力的过程和抽象出来的抗折力学结构完整表现在 A3 纸大小的版面上，每种自然物的分析用 1 ～ 2 张 A3 大小纸表达。

2. 第二阶段：纸桥承重试验（12 学时左右，分值：30 分）

（1）具体内容。

学生从阶段一中抽象分析出来的 3 种抗折力学结构中选择两种，设计制作两个纸桥，并分别对这两个纸桥的承重能力进行试验。试验时，纸桥搭放在两张桌子中间，纸桥两端不能与桌面固定，当桥体中间放 500g 的重物时，桥体稳定、不变形即为承重成功。

（2）要求。

制作之前，要先对复印纸的特性进行分析，明确复印纸这种材料的特点和加工能力。纸桥的结构采用阶段一所抽象的结构，造型要体现出该结构的自然物原形的结构特征，不能凭经验主观想象、拼凑。纸桥的承重能力要通过结构来实现，而不能叠加材料（整体材料叠加不能超过 3 层），依靠材料叠加的强度去承重。纸桥模型要求能够达到课题要求的承重能力，最终的纸桥模型制作要精细，结构要合理、稳定、新颖。

（3）作业形式。

每位同学提交 2 个跨度为 550mm 的纸桥，纸桥的横截面积不超过 80mm×100mm。每个纸桥最多用 5 张 A4 复印纸（210mm×297mm，70g）作为材料，制作手段不限，可以采用折叠、裁切、卷曲等加工方法。桥体不能采用其他附加材料，部件间的连接方式不限（采用如胶粘、扣合、铆合、缝合、插接等手段均可），但不能利用连接材料改变复印纸的力学能力，从而达到提高纸桥承重能力的目的。

3. 第三阶段：瓦楞纸桥（24 学时左右，分值：60 分）

（1）具体内容。

每位同学根据阶段二的试验结果，选择一种承重结构，根据其结构特点设计制作一座瓦楞纸桥，并通过试验验证它的承重能力。承重试验时，瓦楞纸桥搭放在两张桌子中间，瓦楞纸桥两端不能够与桌面固定，当桥体的中间部位叠放 6 块砖（g）时，桥体稳定、不变形即为合格。

（2）要求。

制作之前要了解瓦楞纸的材料特性，结合材料特性对结构的具体表现形式进行适当调整，以方便后期制作。瓦楞纸桥的整体结构造型要能够体现前期抽象结构的特点，并结合具体承重需要，对结构进行适当的调整。纸桥的承重能力要通过结构来实现，而不能过多地叠加材料（整体材料叠加不能超过 2 层）和依靠材料简单叠加后的强度去达到承重的目的。纸桥模型要求能够达到课题要求的承重能力，最终的纸桥模型制作要精细、完成度高，结构要合理、稳定、新颖。

（3）作业形式。

每位同学提交一座跨度为 1.5m 的瓦楞纸桥，桥体材料采用 3mm 厚的瓦楞纸（1.5m×2m，学校统一采购），桥的横截面积不能够超过 24cm×30cm，连接方式不限（插接、折叠、螺丝铆接、挤压等方式均可），充分考虑连接方式对纸桥承重能力的影响。

2.2.3 课题展开（过程、方法、认识）

1. 第一阶段

（1）第一阶段内容。

研究对象要选择学生熟悉的、感兴趣的自然物，这是基于方便取样剖析和引起学生研究兴趣考虑的。但在实际确定研究对象时，因为学生平时对于身边事物关注不够，所以很难会想出适合研究的自然物对象。这时候，学生往往就近选择自己生活圈内（如宿舍、食堂、校园和商店等）容易获取的自然物，这会导致学生们选取的自然物种类基本相同，学生在研究的时候感觉缺少新鲜感，缺乏探索的激情和动力。这时候，教师要对学生选取自然物对象加以唯一性的要求，以此推动学生走出校园，去观察和发现更多东西（见图 2.3）。

图 2.3

　　走出校园，扩大搜寻的范围，带着需要到新的环境中去发现不同的自然物的思路，学生会发现我们生活中熟悉而有意思的自然物其实很多。这个阶段又暴露出新的问题，即学生对自然物的观察和认识不够细致，以笼统的类别来区分自然物，比如树、草、坚果、贝壳等。很多学生为了找到具有独特造型结构的自然物，就开始刻意地去找奇特的自然物作为研究对象（如鳄鱼、鹦鹉螺、角龟等），这导致后期很难进行取样和剖析。这时候，教师要引导学生不要刻意求新求怪，同一类自然物的不同种类之间其力学结构往往也存在很大的差异性（比如同样是树叶，不同种类的树叶造型结构就有很大的差异），同一个自然物的不同部位的力学结构也各不相同，它们都可以作为我们的研究对象。这个阶段的核心任务是强化学生对身边事物的关注，引导学生更细致地观察自然物的造型结构特点（见图 2.4）。

图 2.4

　　在对研究对象的剖析过程中，学生要根据各自研究对象的特点，结合自身的条件选择适合的研究方法。学生在这一阶段要学会结合自然物的生存需要去分析其满足这种需要的力学结构，从自然物复杂的力学结构中提取与抗折能力相关的结构进行重点剖析。为了达到目的，学生尝试开动脑筋，采用实地观察、查阅资料、咨询专业人士、借助设备实验等各种方法，从多角度、多层面地去分析问题（见图2.5）。

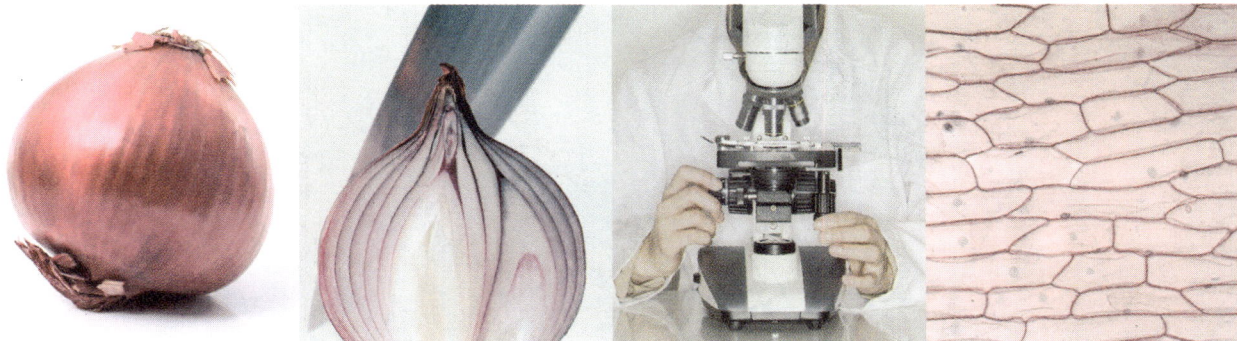

图 2.5

　　经过分析，学生对自然物的抗折力学结构有了深刻理解。这一阶段的主要内容是归纳研究对象的力学结构特征，对自然物的力学结构进行抽象。自然物经过长时间的进化，往往综合运用各种手段去满足其生存的力学需要，这就导致自然物的力学结构特征大都是复合的，在造型上也不易加工的自然形。为了方便课题后期的制作和应用，我们必须对自然物的力学结构进行归纳，并抽象转化成单纯的、几何化的和容易人工加工的形状。

　　（2）第一阶段作业展示与评价。

　　1）樱桃树叶。

　　研究对象：樱桃树叶。

　　受力分析：能够从外在（树叶的外部形态和结构）、内在（树叶的细胞组织结构）等多层面去综合分析自然物的力学结构，分析较完整深入。

　　简化抽象：对自然物各个部分受力结构进行简化和抽象，为后期设计制作打下良好基础，见图2.6（一）和图2.6（二）。

　　2）玉米粒。

　　研究对象：玉米粒。

　　受力分析：选择的研究对象的抗折力学能力体现不明显，而且玉米粒的构成元素不够单纯，稍显复杂，但后期对玉米粒的力学结构分析较全面，对胚乳部分的研究较深入。

　　简化抽象：结合课题需要对玉米胚乳微观层面的力学结构进行简化和抽象（见图2.7）。

　　3）玉米秆。

　　研究对象：玉米秆。

　　受力分析：对玉米秆的抗折能力进行了全面的分析。

　　简化抽象：对自然物受力结构的简化和抽象过于简单，缺乏细节和变化，不能够充分体现自然物的受力结构特征（见图2.8）。

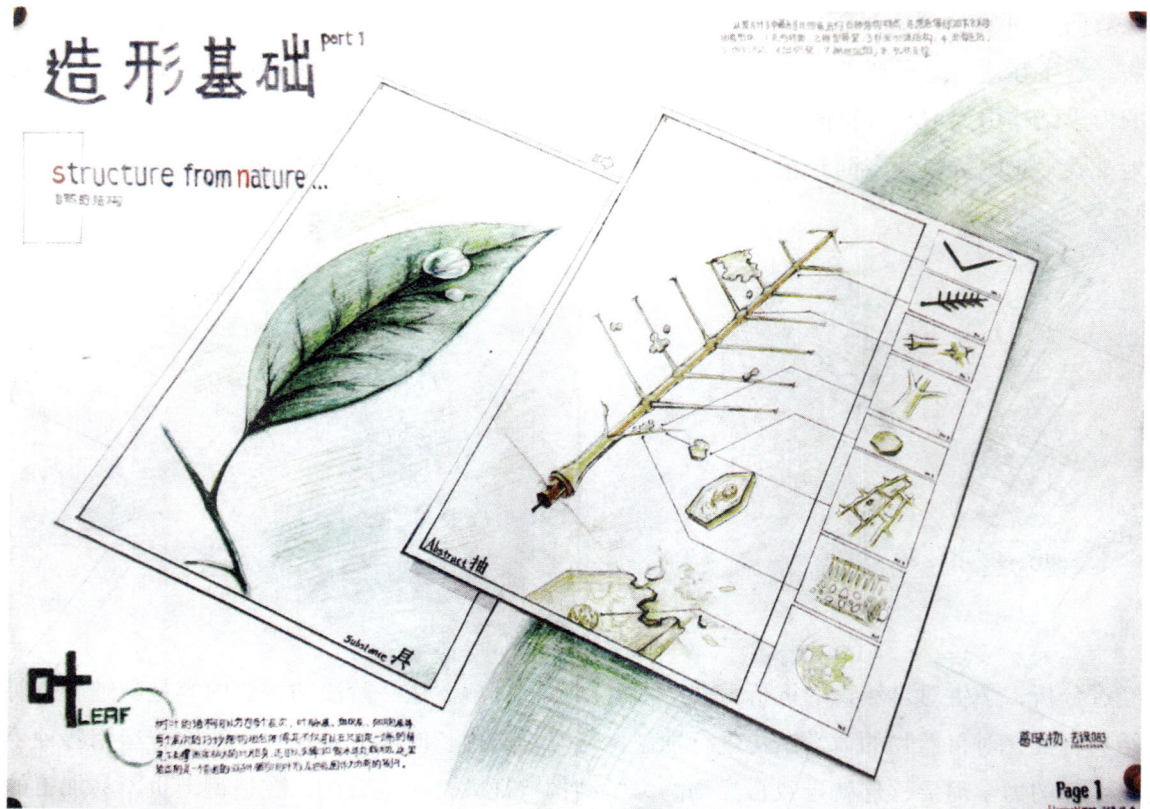

图 2.6（一）

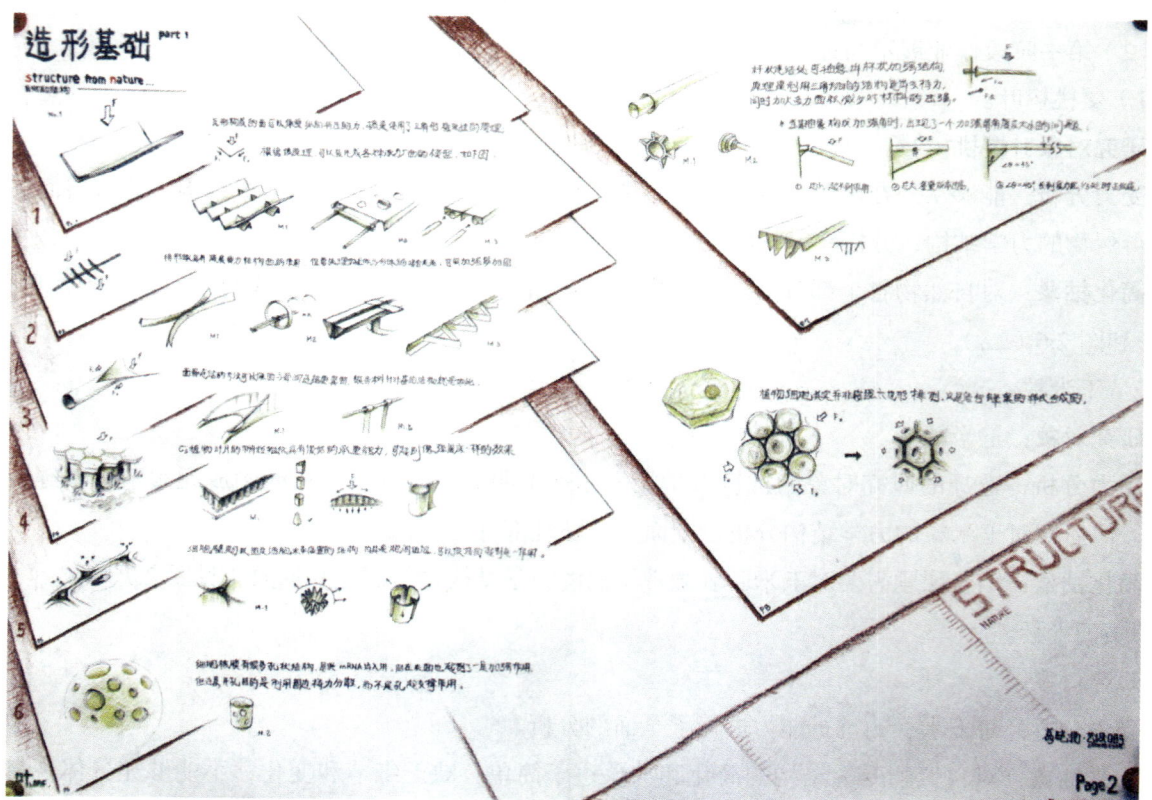

图 2.6（二）

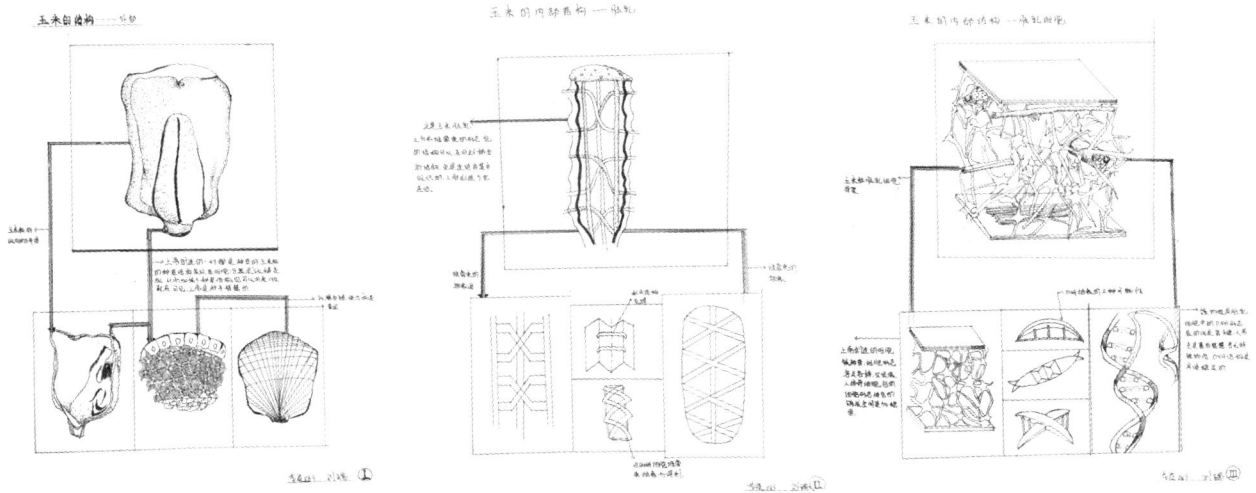

图 2.7

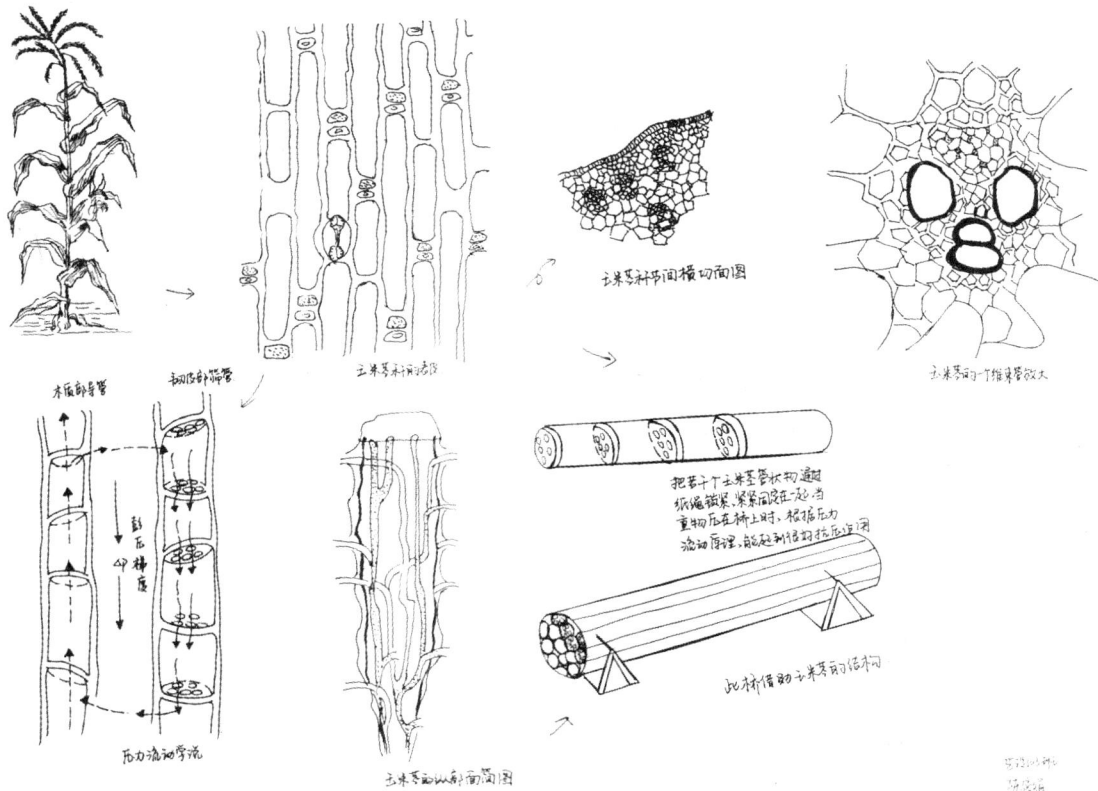

图 2.8

4）蝗虫、白蚁。

研究对象：蝗虫、白蚁。

受力分析：研究对象的选择都过于复杂，包含的力学结构过多，导致每一部分的分析都不够深入。建议只分析这两种昆虫的一部分即可，如蝗虫的后腿前端、中段、后部均可。

简化抽象：对自然物的抽象工作完成较好，但由于前期定位过于复杂，导致抽象出来的力学结构比较零散，不能够形成完整统一的整体（见图2.9）。

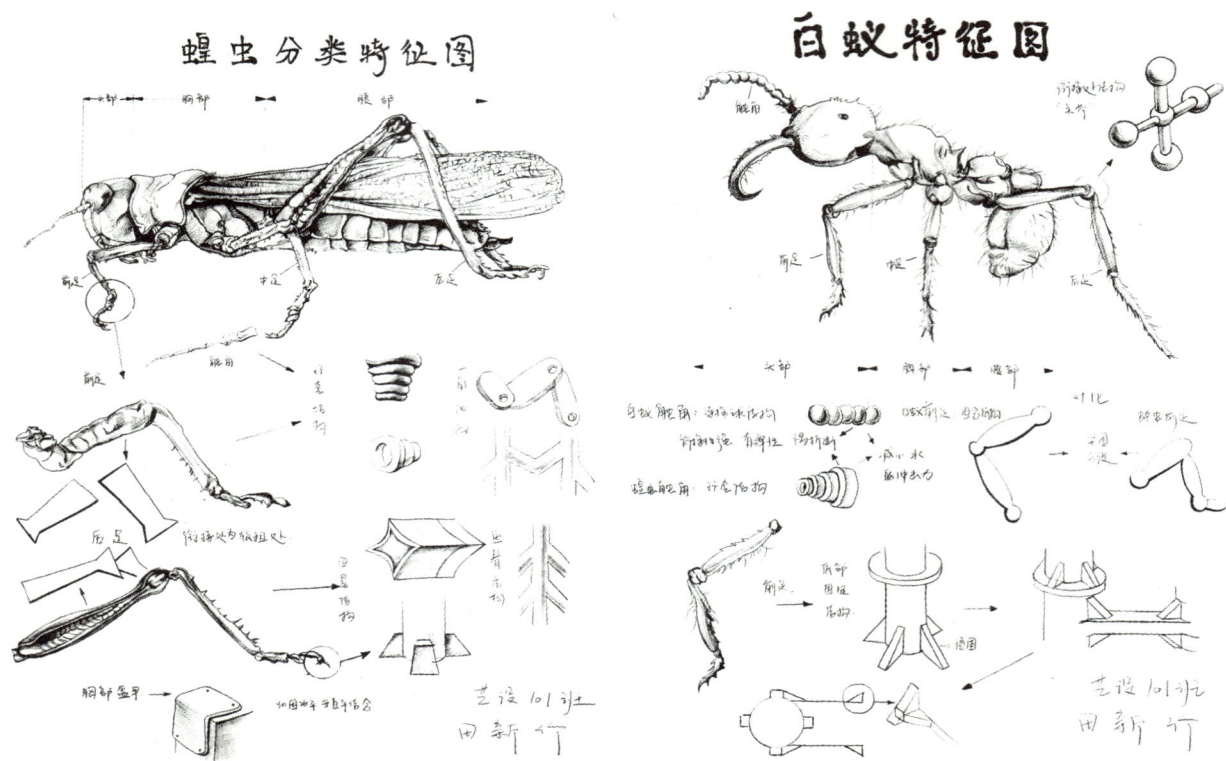

图 2.9

5）花生壳。

研究对象： 花生壳。

受力分析： 从花生壳的外部纹理结构特征和花生壳的内部构成两个层面分析花生壳抗折能力，但对花生壳整体造型和一些细部构造（如两个壳的连接部分）的分析稍显不足。

简化抽象： 对于研究对象的受力结构特征进行了适当的简化和抽象，特征强烈，但形式过于单一，应继续展开（见图 2.10）。

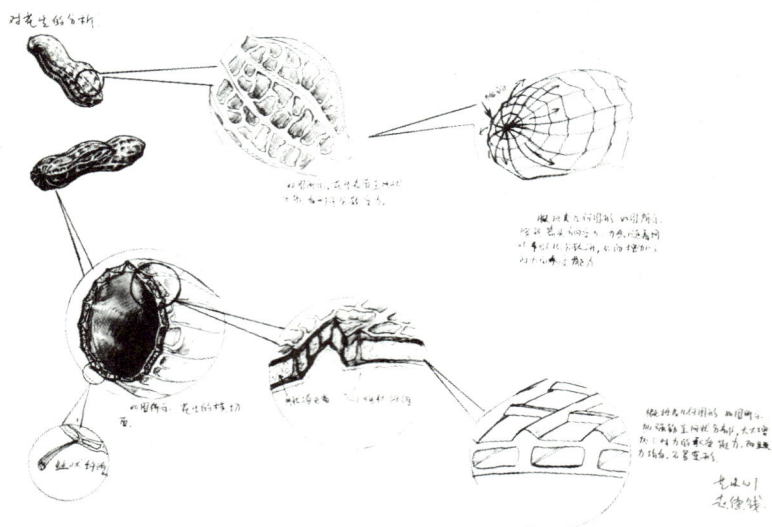

图 2.10

6）蜂巢。

研究对象：蜂巢。

受力分析：蜂巢作为蜂类昆虫的巢穴，更多的功能体现在为昆虫提供生存活动的空间和保护昆虫（抗挤压、抗撕扯），抗折能力并不明显，而且其抗折能力也不单纯体现在六边形结构上，对蜂巢抗折能力的研究过于主观，缺乏实验和研究。

简化抽象：由于前期分析的偏差，后期的抽象结构也很难满足实际的需要（见图2.11）。

经过这一阶段的学习和训练，学生对自然物的受力结构有了基本的了解，对造型结构的力学功能有了更深刻的认识，并在实践中学会如何去分析、抽象自然物的力学结构，达到这样的训练目的之后，就可以开始第二阶段的训练。

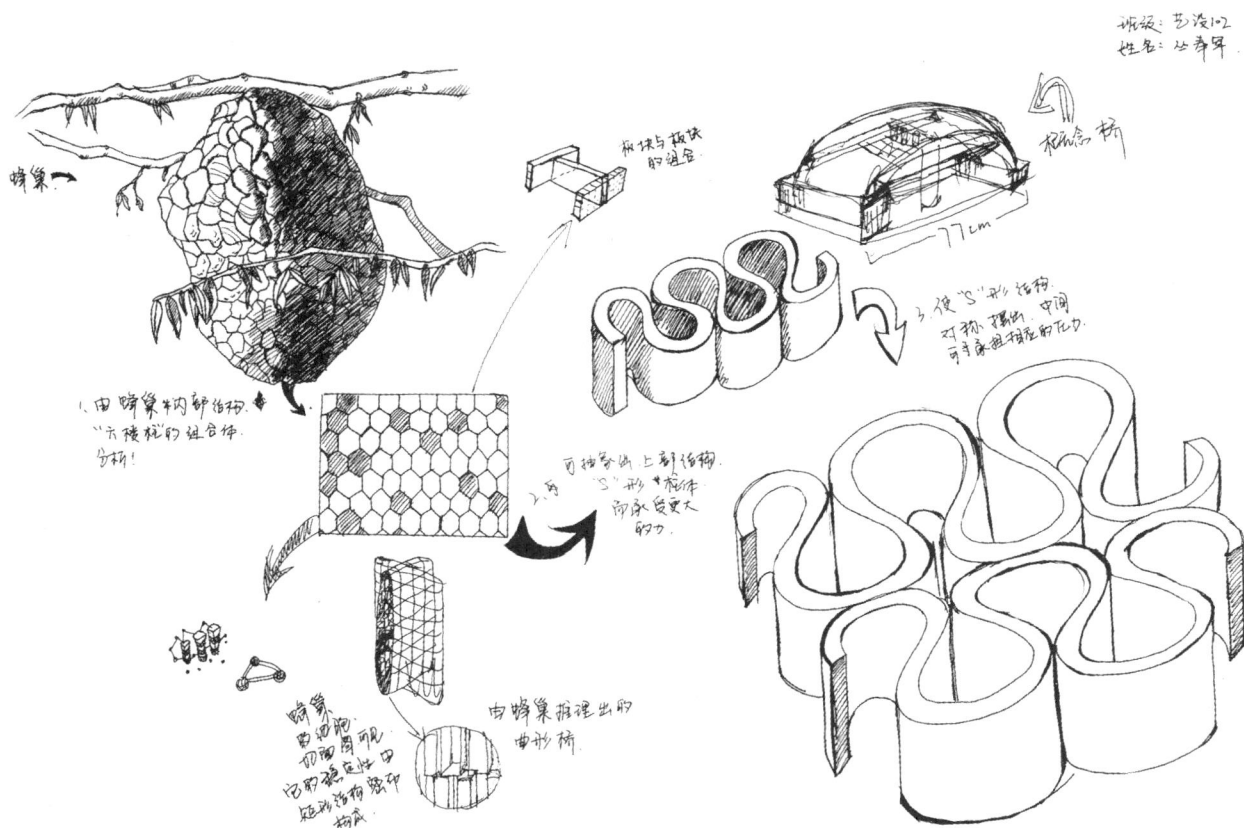

图2.11

2. 第二阶段

（1）第二阶段内容。

试验模型要求用复印纸来制作，在制作之前首先要通过拉、撕、折、揉、扭、卷等多种方式对材料特点进行分析，同时结合现有纸制品了解纸材料的加工方式和工艺（见图2.12）。

对复印纸的特点有了基本的了解之后，开始进行纸桥的设计和制作。运用前阶段抽象出来的力学结构，根据纸桥承重试验的具体要求（跨度、横截面积、中间承重）进行设计和制作，体验力、材料、结构和造型之间的关系。

图 2.12

　　纸桥制作完成之后，按照课题要求进行承重试验，让所有学生都参与到整个试验当中。每个作品在试验之前，由制作者对纸桥的造型结构来源、造型结构特点进行介绍，然后把纸桥悬空放置，桥中间施加压力，试验其承重能力。最后，同学们从结构的承重能力（是否能够承载要求的重量）、结构的稳定性（承重后结构是否稳定）、结构的优化性（结构是否合理，是否有多余的附加结构）、结构的新颖性几个方面对该结构进行讨论。

　　逐一对每个纸桥进行分析评价，推敲其结构和加工方式的合理性。分析其力学能力，为后期瓦楞纸桥的结构设计积累经验和教训。通过这样实际的试验和分析评价，提升了学生对造型结构的关注，使学生了解不同结构的力学能力，从而强化了学生对造型、结构、力和审美关系的理解（见图 2.13）。

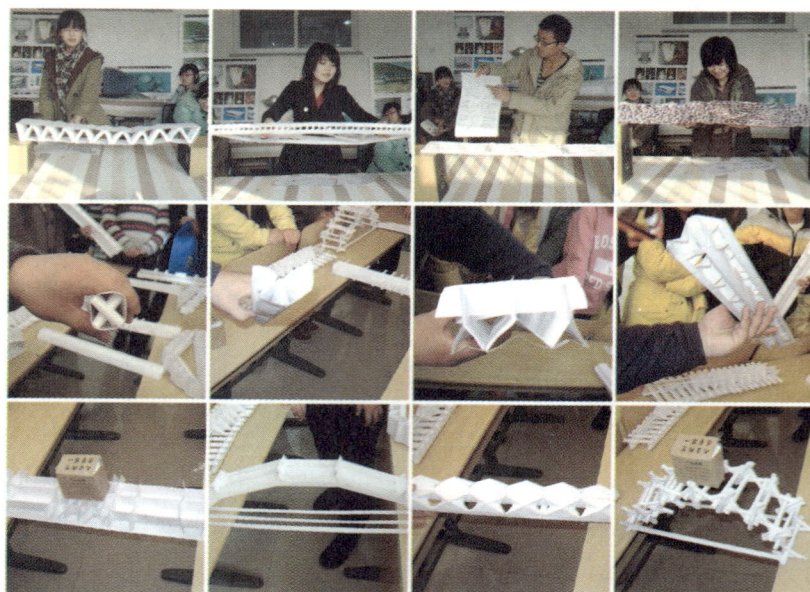

图 2.13

（2）第二阶段作业展示与评价。

结构原形： 螃蟹腹部甲壳。

承重试验： 合格。

评价： 造型特征强烈，棱承重，横向穿插三角形纸片使棱的受力分布更均匀，增加了纸桥的力学能力，加工方式符合复印纸的加工特点，结构合理，稳定性较高（见图2.14）。

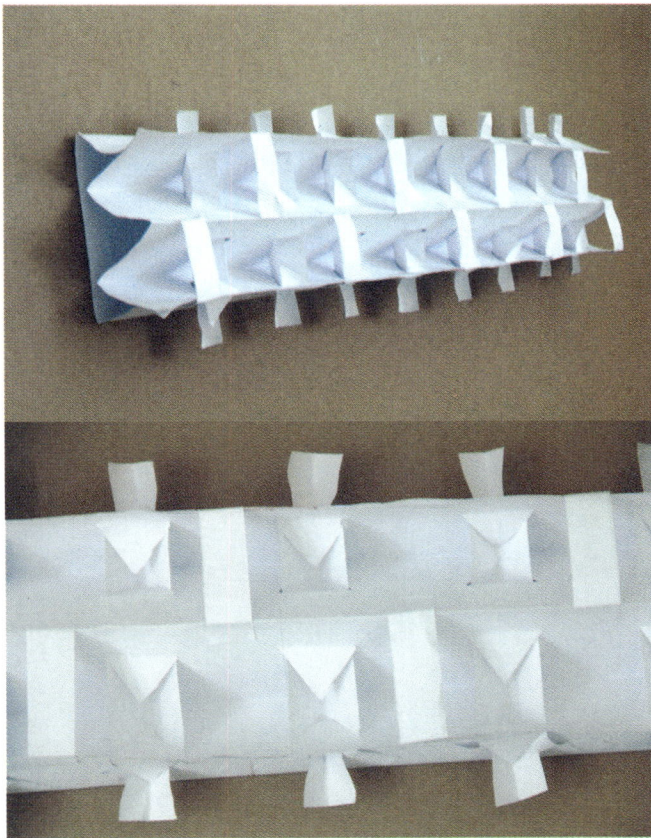

图 2.14

结构原形： 洋葱表皮细胞结构。

承重试验： 合格。

评价： 造型较有特点，但桥体中间部分的长方体不符合复印纸加工特点，导致工作量加大，结构显得比较笨重，建议转化这部分结构方式，以更便于加工（见图2.15）。

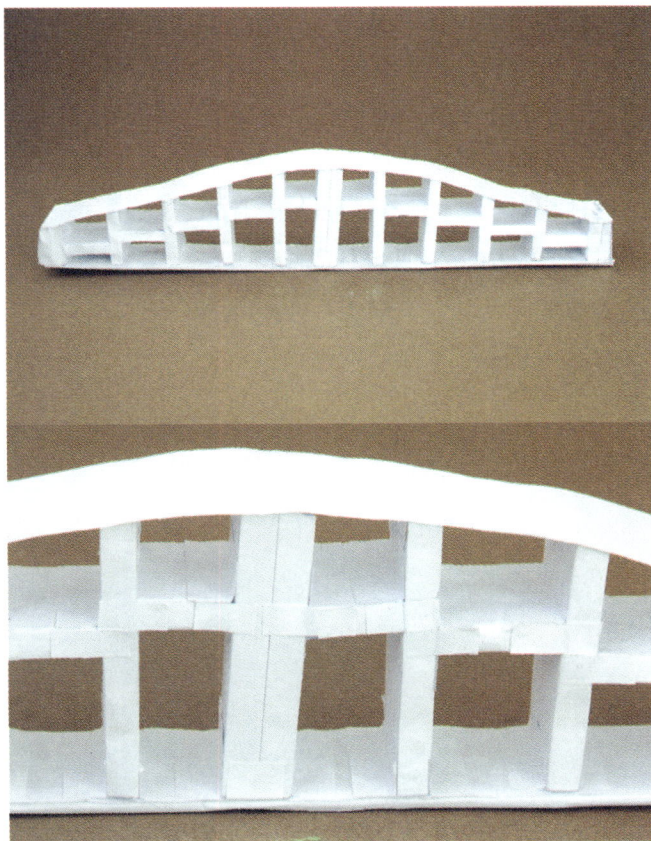

图 2.15

结构原形：乌龟背甲。

承重试验：合格。

评价：造型特征强烈，利用纸的折棱承重，下边缘窝边增加纸桥的稳定性，局部加纸带强化纸桥的力学功能（见图2.16）。

图 2.16

结构原形：花生壳。

承重试验：基本合格。

评价：主要支撑结构是4条纵向纸柱，横向穿插的纸柱主要起维持主支撑柱相对位置的作用，虽然整体上与研究对象结构相似，但这种相似是刻意的整体外观上的模仿，而不是真实的运用花生壳本身的网格结构（见图2.17）。

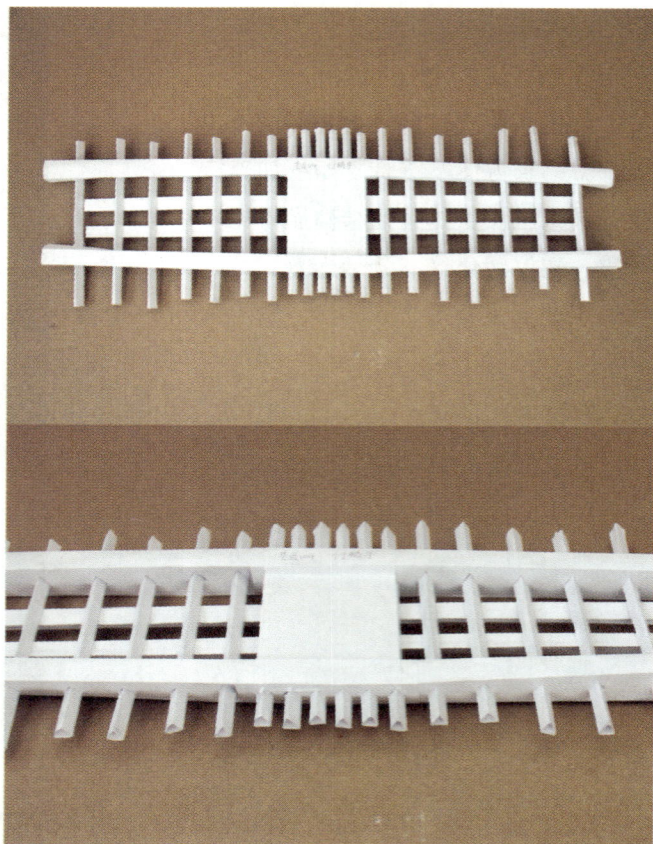

图 2.17

结构原形： 橘子皮。

承重试验： 基本合格。

评价： 没有研究清楚自然物对象不同部分的结构功能。该纸桥是一个3层复合型结构，受力主要集中在上层，但造型结构特征不明显，而下层横向波浪形结构和中层的支撑部分结构在整体受力上作用不明显，建议改进纸桥结构，使结构合理、有效（见图2.18）。

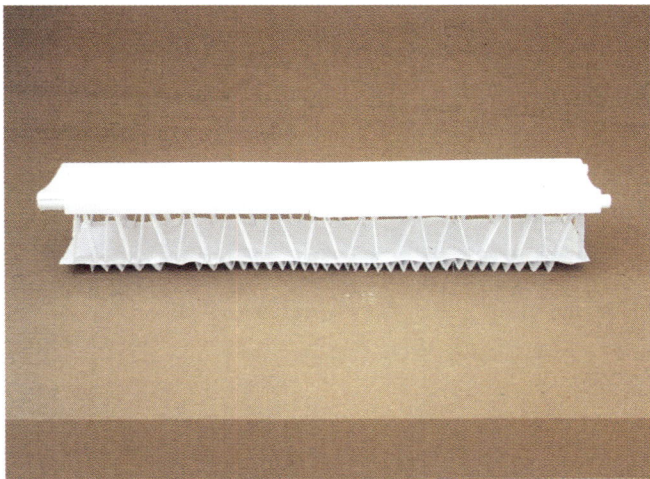

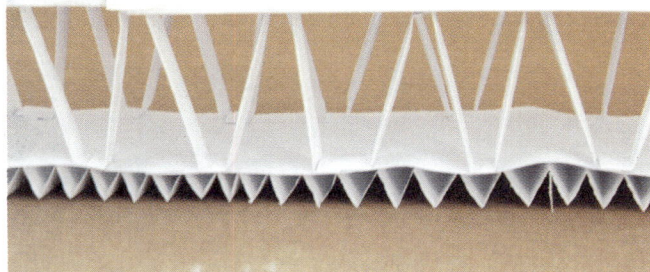

图 2.18

结构原形： 芹菜茎。

承重试验： 基本合格。

评价： 该纸桥利用4个三棱柱模仿芹菜的植物纤维，方便加工，造型特征强烈，但纸桥中心部分，即棱柱的公交棱有违犯课题要求的嫌疑，即局部叠加厚度超过3层（见图2.19）。

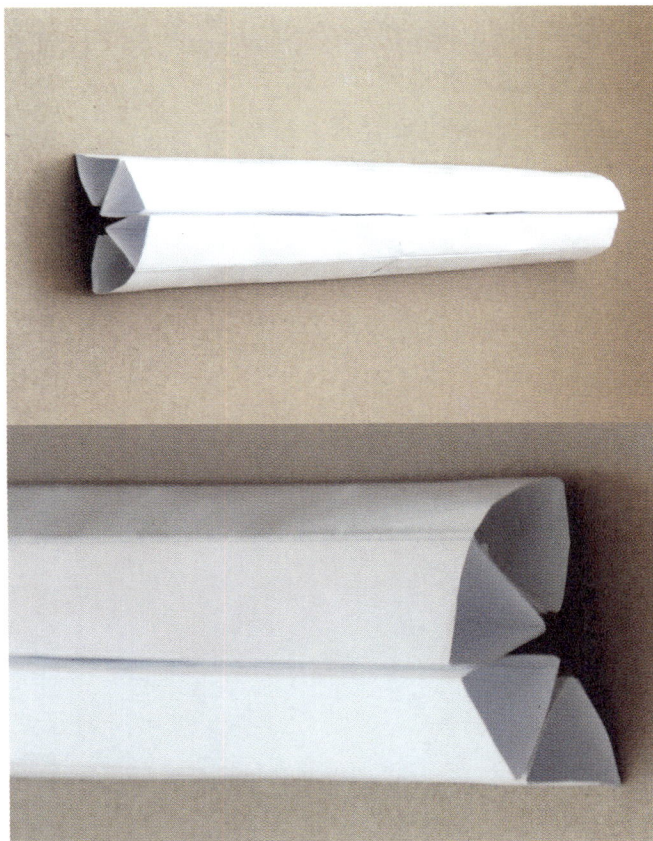

图 2.19

结构原形：蜈蚣。

承重试验：合格。

评价：造型特征强烈，主要通过中间四棱柱和两边的三棱柱承重，柱体之间通过开口内折形成两排缓冲结构，这种软缓冲结构有效地把载荷施加给中间四棱柱的压力均匀地传递给两个三棱柱，结构合理（见图2.20）。

图 2.20

结构原形：螃蟹背壳。

承重试验：合格。

评价：结构抽象合理，特征强烈，加工上充分体现了复印纸的加工特点。桥体中间部分靠棱承重，两端桥墩部分通过8次折叠增加了受力棱的数量，起到增强受力能力的作用（见图2.21）。

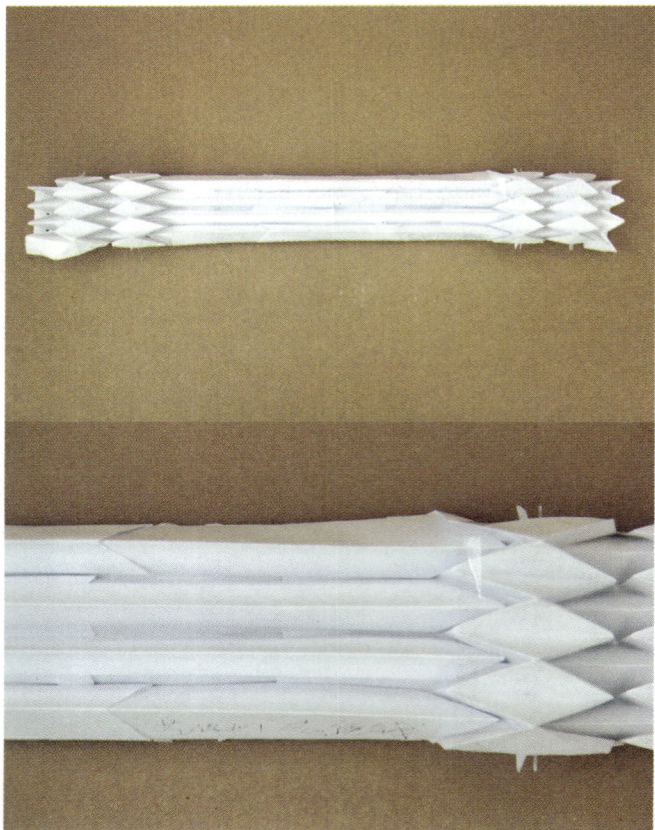

图 2.21

结构原形：对虾背部甲壳。

承重试验：合格。

评价：造型特征强烈，桥体由3部分构成拱形，受力时这3部分V形纸两两挤住，形成稳定的受力结构。为了维持纸片的V形形状，横向插接固定纸片，但底部用于拉住纸桥两端纸带的波浪形状没有存在意义，因为复印纸本身抗拉性能就比较强，没必要通过波浪形来缓冲拉力，建议改成平直纸带即可（见图2.22）。

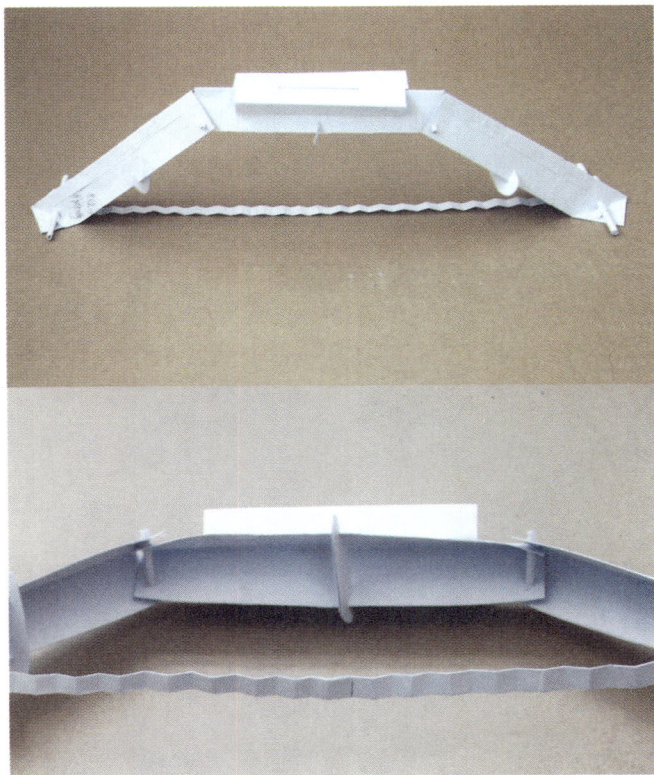

图 2.22

第二阶段的训练，让学生动手设计制作，并在实验中切身体验各种力学结构造型的力学能力，体验承重的成功与失败，使学生对力学结构有了更直观、更深刻的体验和感受。

3. 第三阶段

经过前一阶段的试验和修改，同学们选择的承重结构已经具备了一定的合理性，接下来开始最终模型的制作。制作材料选用瓦楞纸，瓦楞纸的力学能力要比复印纸强很多，但瓦楞纸与复印纸的材料特性有很大的差异，复印纸在受力上基本没有方向性，而瓦楞纸则具有明显的方向性（条纹），而且两种材料的加工工艺、成型方式和连接方式上都有较大的差异，所以学生要结合瓦楞纸这种材料的特点，对前期的纸桥结构进行适当的调整，然后才能进行瓦楞纸桥的设计和制作（见图2.23）。

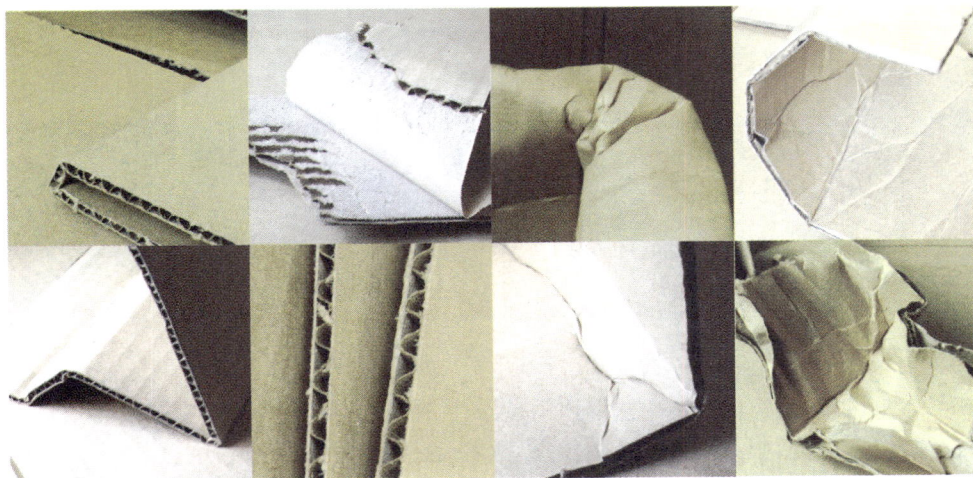

图 2.23

最终桥模型制作完成之后，进行承重测试，教师引导学生就每一个模型作品的承重测试结果进行讨论分析。对于测试成功的作品，分析其结构的各部分分别具有什么力学功能，有没有进一步减少材料、简化结构的空间。可以增加更多的承重重量，测试造型结构的受力极限，因为桥体在承重极限临界点时能够更清楚地显示出纸桥结构的缺陷。对于测试失败的作品，从结构合理性、工艺合理性、连接方式合理性、作品的制作精度等几个方面分析问题产生的原因（见图2.24和图2.25）。

图 2.24

图 2.25

第三阶段在承重试验过程中，要有意识地引导学生加强对纸桥造型结构的分析和评价，让学生在实验中学会分析、思考，并借用承重成功的欢呼与承重失败的叹息强化学生对力、结构、造型和审美的关系的认识，给学生留下深刻的印象（见图2.26）。

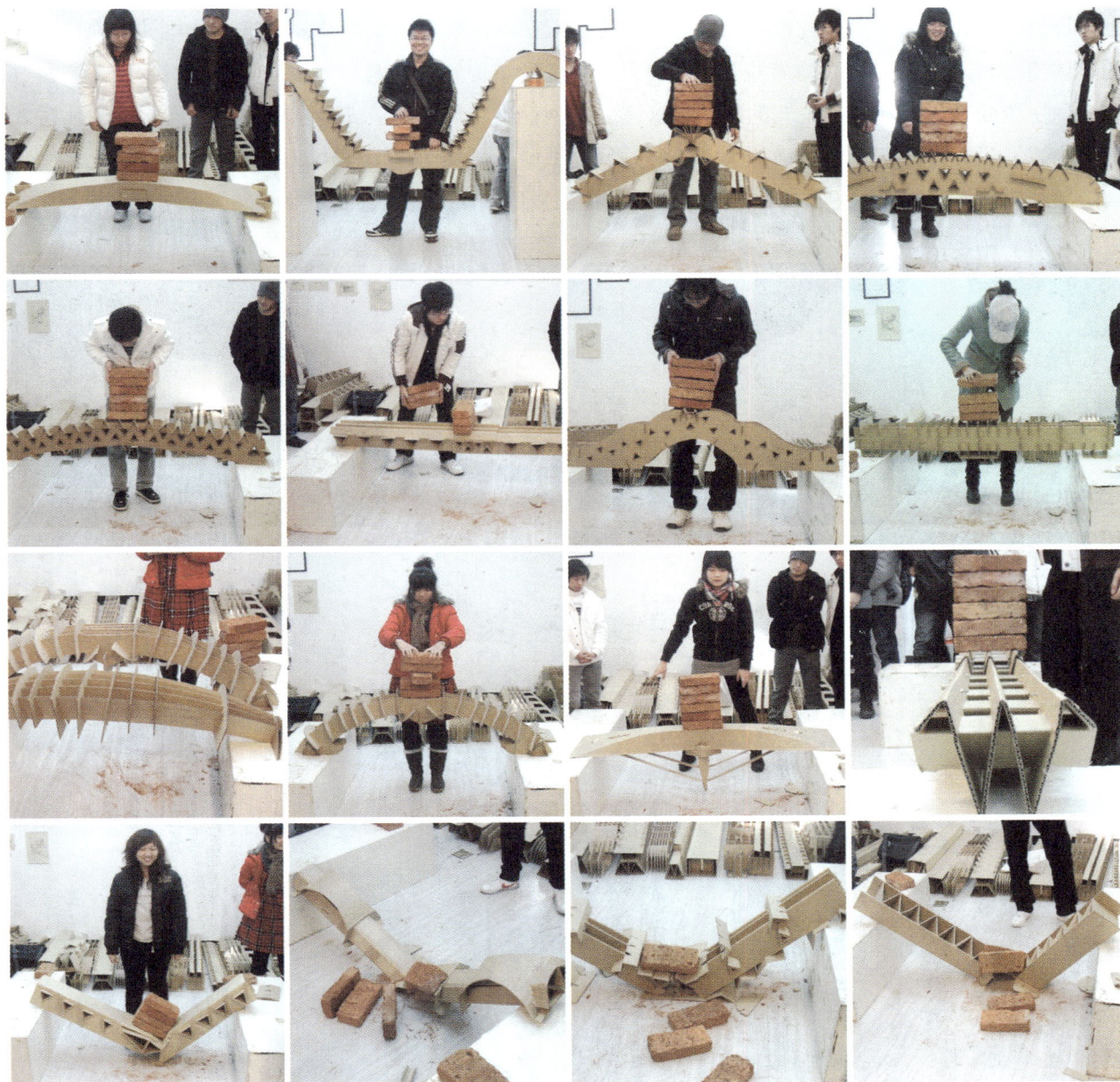

图 2.26

2.2.4　课题展示与评价

研究对象：珍珠贝壳。

承重试验：合格。

评价：研究珍珠贝壳的抗折性，对珍珠贝壳表面凹凸形状和表面细节纹理进行分析抽象。该贝壳的整体造型是由波浪形截面构成的双曲线面，这种造型结构的承重能力非常强，但在实际设计制作过程中，由于受到材料和加工工艺的制约，这样的造型很难实现。为了满足承重的需要又能够用瓦楞纸加工出来，设计者进行了多方面的尝试，经过反复试验，最终简化了桥体双曲面的造型，强化了交错波浪的结构特点，使纸桥的结构便于加工，造型特征强烈，同时也能够满足承重的需要（见图2.27）。

图 2.27

研究对象： 螃蟹螯。

承重试验： 合格。

评价： 螃蟹螯前端的横向抗折能力是通过外壳（截面呈多棱多边形，棱部厚度上有加强）、肌肉组织（填充）、筋腱组织（牵拉肌肉强化整体抗折性）多方面因素共同起作用形成的。该设计在横向上充分挖掘了研究对象各方面的力学结构特点，运用到纸桥的设计中，桥面部分采用螃蟹螯壳剖面相类似的形状，桥体下方 3 条纸带起到与螃蟹螯中肌肉筋腱同样的牵拉作用，最终形成了承重能力强、造型结构特征鲜明的纸桥设计（见图 2.28）。

图 2.28

研究对象：枣核。

承重试验：失败（4块砖）。

评价：设计研究了枣核纵向抗折结构，取枣核的一半进行造型结构上的抽象和简化，结构合理，特征强烈。从造型结构上，制作的精致程度上来说均非常优秀，在复印纸桥阶段承重成功，但在瓦楞纸桥阶段由于没有充分考虑瓦楞纸材料的特点，加工方式不当（在起主要支撑作用的瓦楞纸片上开口穿插横向固定片，降低了主支撑面的强度），最终导致承重失败（见图2.29）。

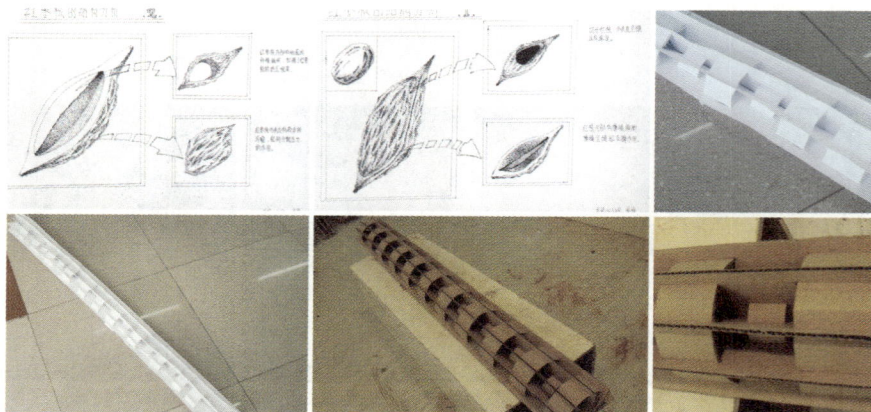

图2.29

研究对象：玉米核。

承重试验：合格。

评价：该设计研究玉米核的抗折结构，从表面上对玉米核结构进行了抽象。初期在复印纸桥阶段承重成功，但在瓦楞纸阶段承重出现了问题。该设计的主要承重结构是半圆柱面和纵向的3片纸板，由于6块砖的重量过大，导致横向穿插的半圆环片不能够维持住半圆柱面的形状，导致承重失败，失败之后对玉米核结构进行了进一步研究（半个玉米核纵向抗折能力不强，完整的玉米核抗折能力强），在现有的基础上进行适当的修改，最终承重成功（见图2.30）。

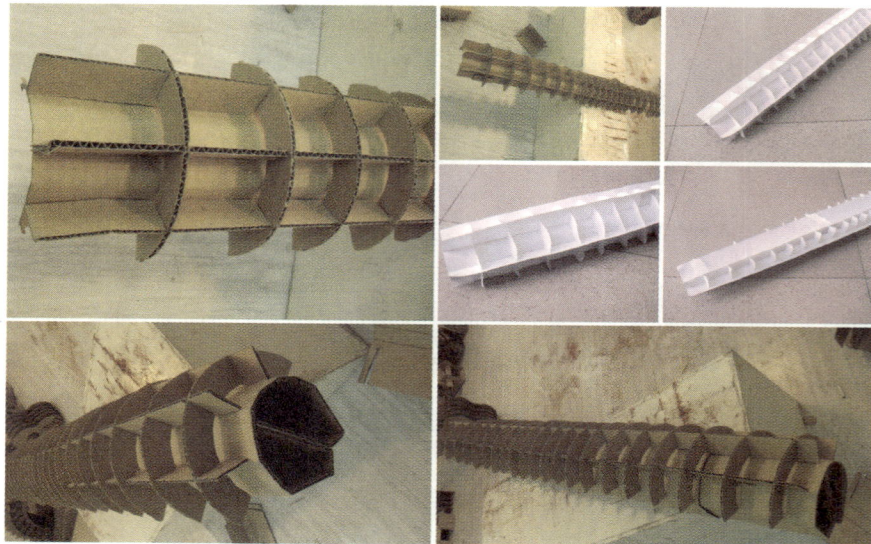

图2.30

研究对象：杨树叶脉。

承重试验：合格。

评价：该纸桥的造型结构抽象自杨树树叶的叶脉形状，经过抽象发现波浪形结构具有良好的分解受力的作用。设计主要通过弯折的 U 形底板的两条棱受力，穿插的两层波浪形插片很好地将集中施加于中心的力传导给 U 形底板，从而增强了整个纸桥的承重能力（见图 2.31）。

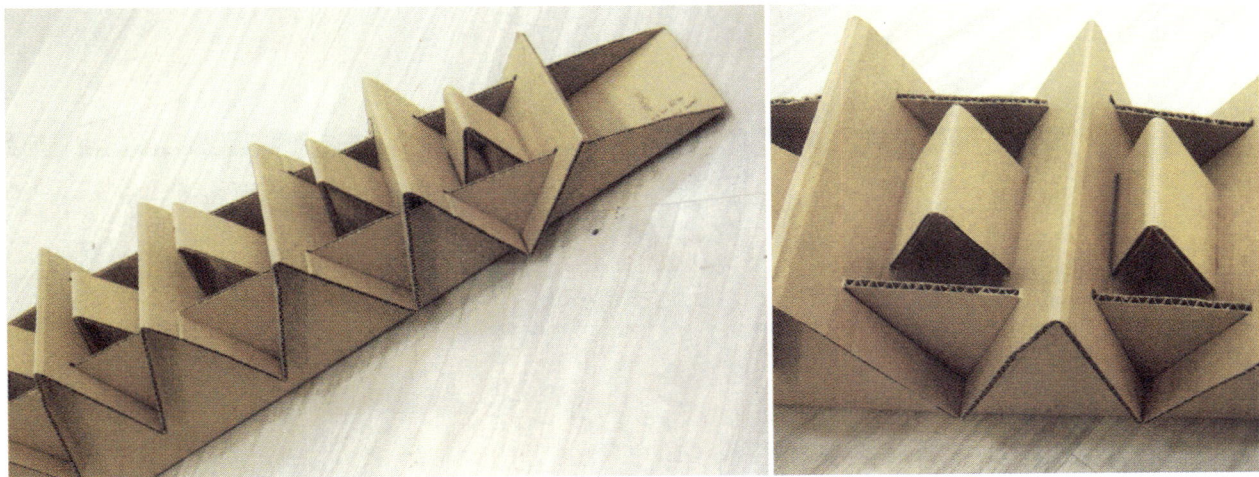

图 2.31

研究对象：花生壳。

承重试验：合格。

评价：该造型结构的设计取自花生壳，通过纵向 5 条弧形瓦楞纸片形成花生壳的弧形面，桥两端模仿花生壳边缘的加强做法，同时起到桥墩的作用。为了保持纵向的纸片的相对位置，按照受力需要，在不同位置横向穿插了 9 片固定片。整个纸桥做工精致，造型特征强烈，承重能力也能够满足要求（见图 2.32）。

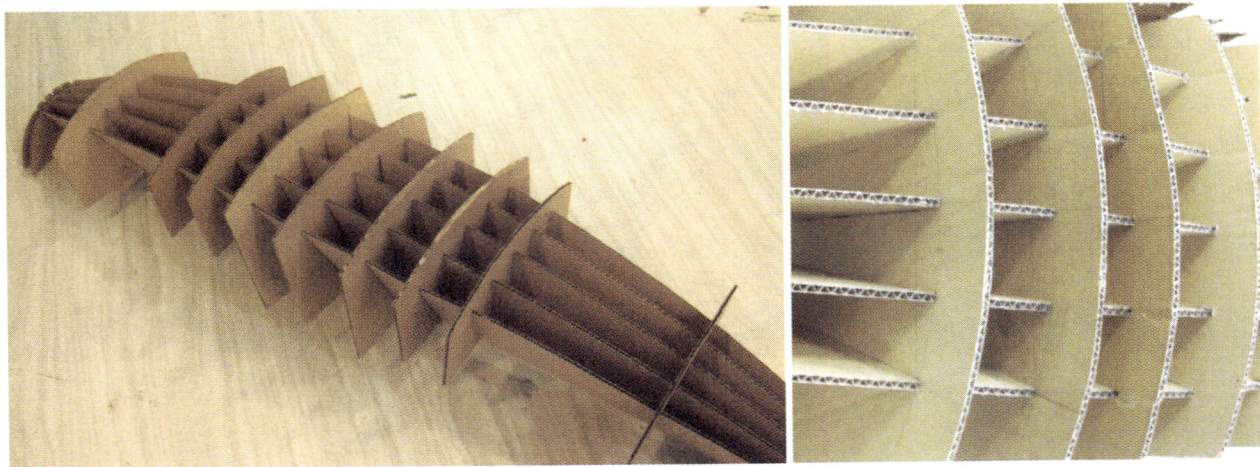

图 2.32

研究对象：贝壳（带有肌肉的）。

承重试验：合格。

评价：纸桥桥面部分运用沿弧线弯折的瓦楞纸板形成贝壳的扇壳（加工上不是很符合瓦楞纸的加工特点，弯折比较困难），底部两条纸带通过中间的支撑柱与桥面形成绷紧的弓形，将中间受力有效地分解到桥的两端。纸带的连接方式比较巧妙，同时考虑到由于纸带插入桥面，降低了桥面局部的强度，局部进行了加强。美中不足的是桥面采用的瓦楞纸是横向纹理的，如果采用纵向纹理的瓦楞纸，纸桥的承重能力会更强（见图 2.33）。

图 2.33

研究对象：松伞蘑。

承重试验：合格。

评价：该纸桥造型结构受到松伞蘑的造型启发（伞面下由叶片支撑），对其造型机构进行抽象。考虑到松伞蘑与桥的受力方式不同，在纸桥的造型设计中将叶片支撑伞面部分结构进行了 3 次重复叠加，强化了结构的支撑能力，从而满足了课题承重的需要（见图 2.34）。

图 2.34

经过这一课题的训练，大部分学生掌握了师法自然的造型方法，在发现、分析、抽象、运用的过程中充分认识和体验了力、材料、结构和造型的关系。但有一小部分同学仍然没有充分领会造型与结构的关系，凭自己的主观想象去进行造型结构设计，刻意地去追求纸桥的装饰性效果，虽然制作上复杂繁琐，但纸桥的承重能力并不强（或者通过机械地重复和叠加加强纸桥的承重能力），在结构上缺乏创新和美感，图 2.35 中的几个作品就属于这种类型的作品。对于这类作品，我们必须要认识到学生思维和审美意识的改变是一个持续、长期的过程，对于这类学生，教师不能打击，要在之后的课题中更加积极地去引导。

图 2.35

2.3 纸塔设计

2.3.1 课题背景

纸桥承重课题主要解决的是学生认识上和方法上的问题，通过课题教学生如何学习、如何去做事情。而本课题则更侧重于教学生如何展开问题，深化对造型力学结构的研究，并通过课题训练学生做事情有严谨认真的态度和百折不挠的精神。课题的制定主要基于以下两个方面的考虑。

第一：学生在经过纸桥承重课题之后，对于如何进行造型的结构设计的整个流程有了一个基本的认识，但对结构、力和材料之间关系的研究还不够深入。这一点在学生的作业中表现得十分明显，因为很多作品还显得很稚嫩，不够完整。所以有必要通过一个要求更苛刻（追求极致）的课题来引导学生更深入地去分析问题、研究问题。同时这个课题的设置应该方便操作，这样才更有利于学生反复试验，更好地去推敲作品的细节。

第二：要做好一件事情，只有激情和方法还不够，更需要严谨认真的工作态度和锲而不舍、百折不挠的精神。所以，课题的设置要以追求极致为目标，因为只有具备了这样的目标，学生才会更加关注从设计到制作的每一个细节，精益求精，才能达到锻炼学生严谨认真的工作态度的目的。另外，为了追求极致，大量的制作和反复的试验也是必需的，通过这样的反复训练，学生的意志品质能够得到良好的培养和磨炼（见图 2.36）。

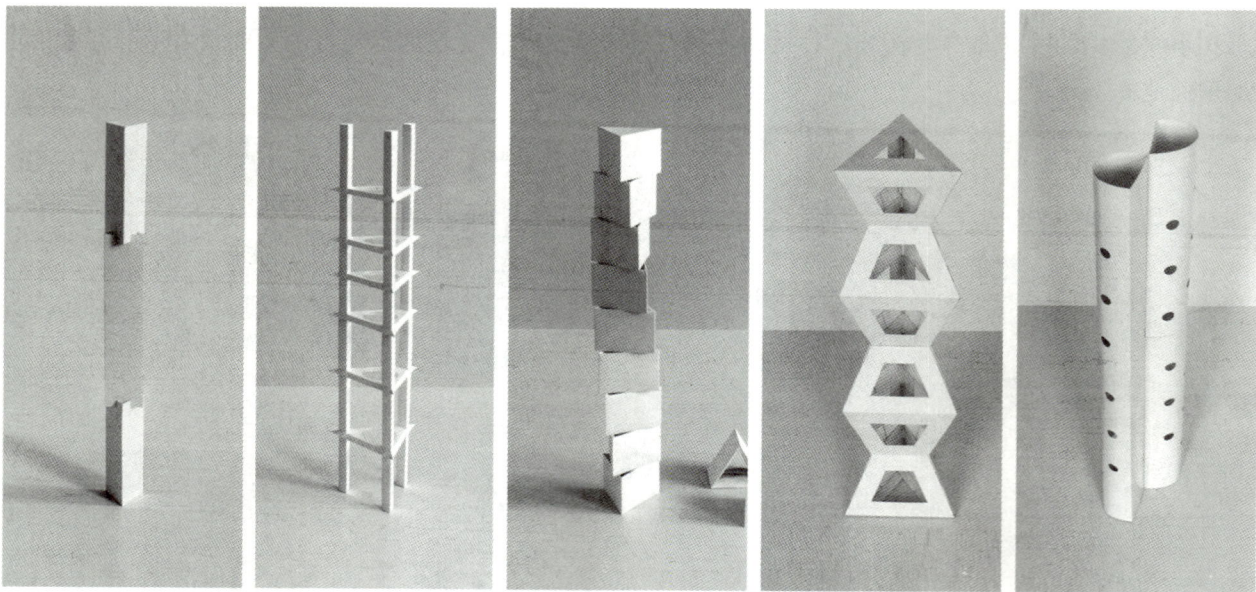

图 2.36

1. 课题内容

从自然物和人工物的造型结构中寻找灵感，设计一座具有一定高度的纸塔，要求该纸塔在规定的时间内，能够承载规定的重量而不倒塌。纸塔自身重量要尽量轻，同时要兼顾考虑纸塔结构的合理性、承重的稳定性、造型的新颖性、制作的精致程度等多方面要求，并对纸塔进行承重试验。

纸塔承重试验 1：6 件（满足承重要求，自身重量最轻），时间 2 周。

纸塔承重试验 2：2 件（综合考虑自身重量、结构的新颖程度等多方面因素），时间 2 周。

2. 课题目的

课题的要求十分苛刻，学生为了达到课题的要求，就必须深入思考纸塔的结构、力和材料加工之间的关系，进行大量的设计、制作和试验，从而训练学生深入研究问题的能力。同时通过反复的设计、制作、试验，能够培养学生严谨认真的工作态度，锻炼学生的耐心，磨炼学生百折不挠的意志品质。

3. 课题重点

课题的重点在于反复试验，追求极致。根据课题的需要，学生要从自然物、人工物中选择最适合纸加工，最节约材料的结构进行提取。在纸塔的设计和制作过程中，学生要把握承重结构的关键，尽可能地想办法通过减小半径、减少重叠、简化结构、打孔等方法减轻自重，通过反复试验寻找结构承重的临界点，在这个过程中锻炼深入研究问题的能力和培养学生良好的工作习惯。

4. 课题提示

课题通过两个要求来引导学生深入研究结构。第一个要求是追求最轻自重，学生必须要学会判断不同结构间承重能力的差异，选择最适合的结构，用最少的材料，最轻的自重，满足课题的需要。另外，学生要对结构进行深入的研究，明确该结构承重的特点和规律，强化受力部分的结构，减少非承重部分的比重，从而达到减轻自重的目的。第二个要求是课题通过对材料尺寸上的硬性限制，迫使学生必须用两个以上的构件构成纸塔，这就涉及构件之间的连接问题，学生必须要对各个构件之间的连接方式进行研究。课题通过这两个要求来引导学生深入研究问题，深化对结构的理解。

另外，结合设计专业的特点，我们不能只追求功能上的满足，在能够成功承重的基础上，学生还要兼顾考虑纸塔整体结构和连接方式的新颖性，对比不同结构和连接方式的承重能力上的差异，积累更多的结构造型的经验。

一两次的尝试是很难达到课题的要求的，所以学生在整个课题过程中，必然要经历反反复复的试验和尝试。学生在不断地尝试与失败中吸取经验，不断挑战极限，挑战自我，从而培养学生勇于面对挑战、坚持不懈、百折不挠的精神。同时，由于制作的精度与纸塔的承重能力直接相关，所以学生在制作的过程中，一直要保持严谨认真的工作态度，这种工作习惯的养成对于学生以后的学习和工作也是必备的品质。

2.3.2 课题设置

1. 纸塔承重试验（1）（12 学时左右，分值：50 分）

（1）具体内容。

学生从自然物或人工物的造型结构中获取灵感，设计制作纸塔，并先后 3 次分别对这些纸塔（每次每位同学至少 2 座）进行纵向承重测试。试验时，纸塔放置在桌面上，纸塔底部不能与桌面固定，当纸塔顶部放置 1kg 的重物（先在纸塔顶部放置 15cm×15cm 的透明玻璃板，然后在玻璃板上放置重物，玻璃板与重物重量合计 1kg）时，纸塔能够维持 30s 以上不倒塌，然后对纸塔进行称重，重量轻者为优。

（2）要求。

分析复印纸材料特点，结合课题测试要求，从自然物或人工物中提取适合的结构进行纸塔设计。

纸塔的承重要通过结构来实现，而不能过多地叠加材料（整体材料叠加不能超过3层），依靠材料叠加的强度去承重。追求纸塔在能够满足承重要求的前提下，自身重量最轻。

（3）作业形式。

每位同学分先后3次共须提交6座纸塔（每次2座），材料采用30cm×30cm的复印纸（70g），纸塔高度50cm。由于材料尺寸上的制约，纸塔至少由2个以上的部件构成，纸塔的制作手段不限，可以采用折叠、裁切、卷曲等加工方法，但部件间的连接不能使用任何辅助材料（如胶水、钉书钉、线等）。

2. 纸塔承重试验（2）（12学时左右，分值：50分）

（1）具体内容。

结合第一阶段的测试结果，提高对纸塔整体造型和连接方式创新性的要求，在能够承重1kg重物30s以上，自身重量最轻的基础上，要求每一位同学的纸塔结构具有不同的特点，构件的连接方式尽量不同，并把这两点作为评价纸塔设计的一个标准。纸塔的承重测试方式与第一阶段相同。

（2）要求。

在第一阶段要求的基础上，提高对纸塔造型创新性的要求，学生要尝试用不同的结构和不同的连接方式来实现承重。同时，纸塔的制作精度和构造美感也作为评价标准之一。

（3）作业形式。

学生分2次各提交2座纸塔（每次2座相同），材料改用30cm×30cm肯特纸（150g），具体要求与第一阶段相同。1座用于测试，1座作为最终作品。

2.3.3 课题展开（过程、方法、认识）

课题首先由教师统一讲授，强调本课题与前一个课题的差别，教师准备好测试用品，电子秤（至少精确到0.1g）、普通台秤（用于称量重物）、透明塑料板（标注中心点，以便于后期承重时摆放）、重物（与塑料板合计重1kg，见图2.37）和评价表（见表2.1）等。并要求学生要在固定的时间，在同一个教室制作，以便与老师随时方便进行交流。

图2.37

表2.1　　　　　　　　　　　　　　　　承重试验表1

序号	姓名	第一次承重试验		第二次承重试验		第三次承重试验	
		是否承重超过30s	用纸重量（g）	是否承重超过30s	用纸重量（g）	是否承重超过30s	用纸重量（g）

1. 第一阶段

因为有前一个课题的基础，学生对于材料和工艺已经有了一定的经验，经过 2 天（共 4 学时）的制作，第一批纸塔作品完成。这一次作业，学生明显受以往课题的影响，追求造型效果，对课题要求理解不够，作品普遍体量比较大，造型比较有特点，但是纸塔本身自重较重，力学能力不强，作品的精度也不够高（见图 2.38）。

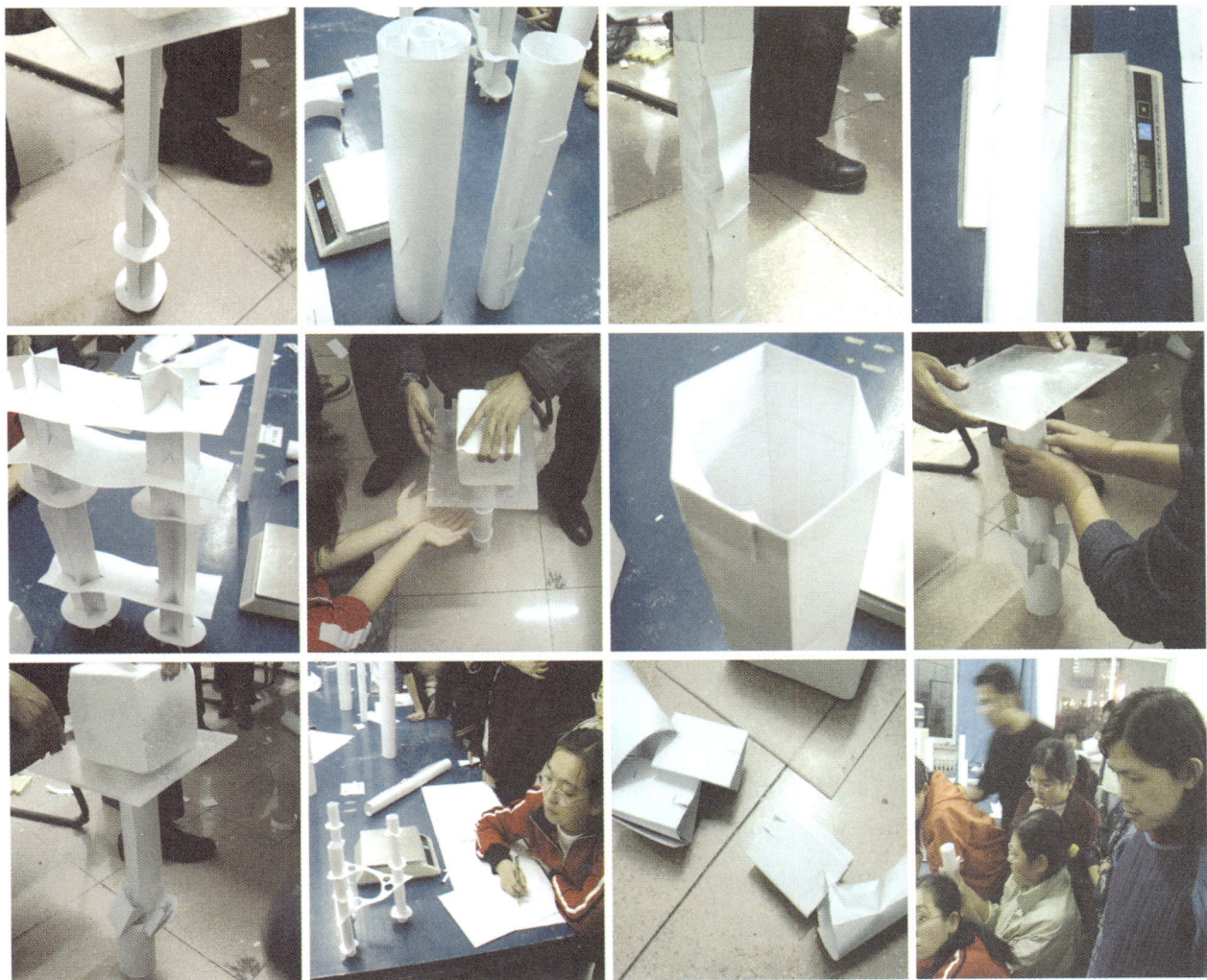

图 2.38

在第一次承重试验过程中，对各个纸塔分别进行了承重测试，同时称量纸塔自身重量，并记录在案，对于每个纸塔分别进行评价，尤其是对承重失败的纸塔和自身重量过重的纸塔重点进行了分析。测试之后，教师针对本次作业情况，着重重申了课题要求，即在能够承重的基础上本身自重最轻，要求学生追求纸塔自重的极致，同时强调了纸塔制作精致程度的问题。

又经过 2 天（共 4 学时）的制作，第二批纸塔作品完成。这一次学生为了追求自重轻，作品的半径明显缩小，由于圆筒状纸塔承重能力强、自重轻，而且容易加工（加工精度容易保证），所以这一批作业的整体造型结构基本趋同（圆筒状）。学生把更多精力放在追求圆筒的最小半径上，甚至有很多纸塔作品由于半径过小，以至于失去了稳定性，不能够承重（见图 2.39）。

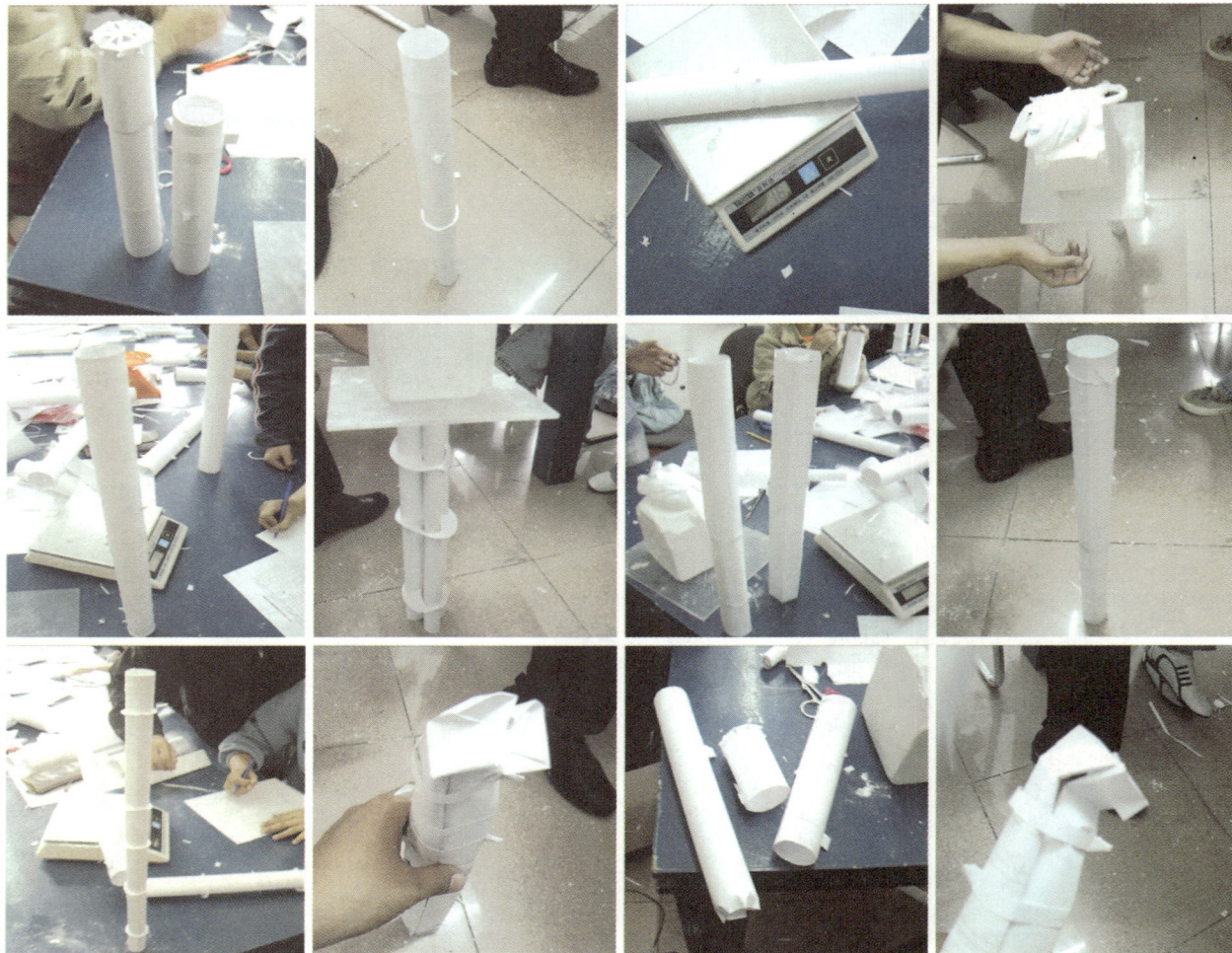

图 2.39

经过承重试验，这一次纸塔作业的承重能力比上一次有了显著的提高，纸塔自身重量明显降低，同时制作的精度也有了明显的提高，出现了能够承重的纸塔自身最轻重量 8g，最小直径 3cm。但纸塔的整体造型趋同，纸塔上下两部分的连接方式基本上都采用同样的勾边折叠的方式，缺乏新意。针对这种情况，教师重新强调了创新的重要性，要求学生在除了追求承重和本身自重轻的基础上，鼓励采用差异化的造型和不同的连接方式，并为此修改了评价表格（见表 2.2）。

表 2.2 　　　　　　　　　　　　　　承重试验表 2

序号	姓名	第 4 次承重试验（圆柱形）					第 4 次承重试验（非圆柱形）				
		时间	重量	稳定性	新颖性	精致度	时间	重量	稳定性	新颖性	精致度

经过 2 天的设计制作，进行第 3 次测试，这一次学生纸塔作业的造型差异性重新变大，纸塔构件间的连接方式也开始多样化起来。虽然大部分作品在自重上比第 2 次作业略有增加，但对比第 1 次作业，无论纸塔的造型结构和连接方式、纸塔的承重能力、纸塔的本身自重还是制作的精致程度都有了质的提高（见图 2.40）。

图 2.40

    这一阶段的 3 次作业进行了 3 次承重试验，历时 2 周共 12 学时，虽然走了很多弯路，但实际上正是在这样的过程中，学生对造型结构的理解和动手制作能力都得到了明显提高，也正是通过这样反反复复的制作和试验，锻炼了学生深入研究的能力、勇于面对挑战、坚持不懈和百折不挠的精神。

2. 第二阶段

    将前阶段设计的纸塔，用肯特纸制作出来，具体要求跟第 3 次复印纸承重试验相同。肯特纸与复印纸不同，韧性、强度、厚度增大，结合肯特纸的这些特点，学生开始新一轮制作。经过 2 天的制作，开始对肯特纸的第一次承重测试。因为肯特纸比较硬，比较容易保证加工的精度（棱比较挺，弧面或圆面成型性较强），学生可以尝试用肯特纸制作一些前阶段复印纸无法实现的结构，所以这个阶段的作品在造型上和完成度上比第一阶段的作品要好得多。

    在前一阶段学生多采用圆柱作为纸塔的主体，这阶段采用肯体纸之后，随着研究的深入，学生发现由于肯特纸弹性强，圆柱的弧度很难保证正圆，这就容易产生受力不均，所以肯特纸桥的设计和制作学生多采用棱柱的形式代替了圆柱的形式。

    经过承重试验，这一阶段的纸塔承重能力比前一阶段复印纸塔承重能力显著提高，虽然纸的厚度变厚，但因为材料的物理强度提高，所以纸塔自重对比前一阶段并没有增加。学生对于减轻自重的尝试更多还是集中在前阶段常用的减小半径和减少结构材料上，少部分学生开始尝试通过打孔等方式减轻纸塔自重（见图 2.41）。

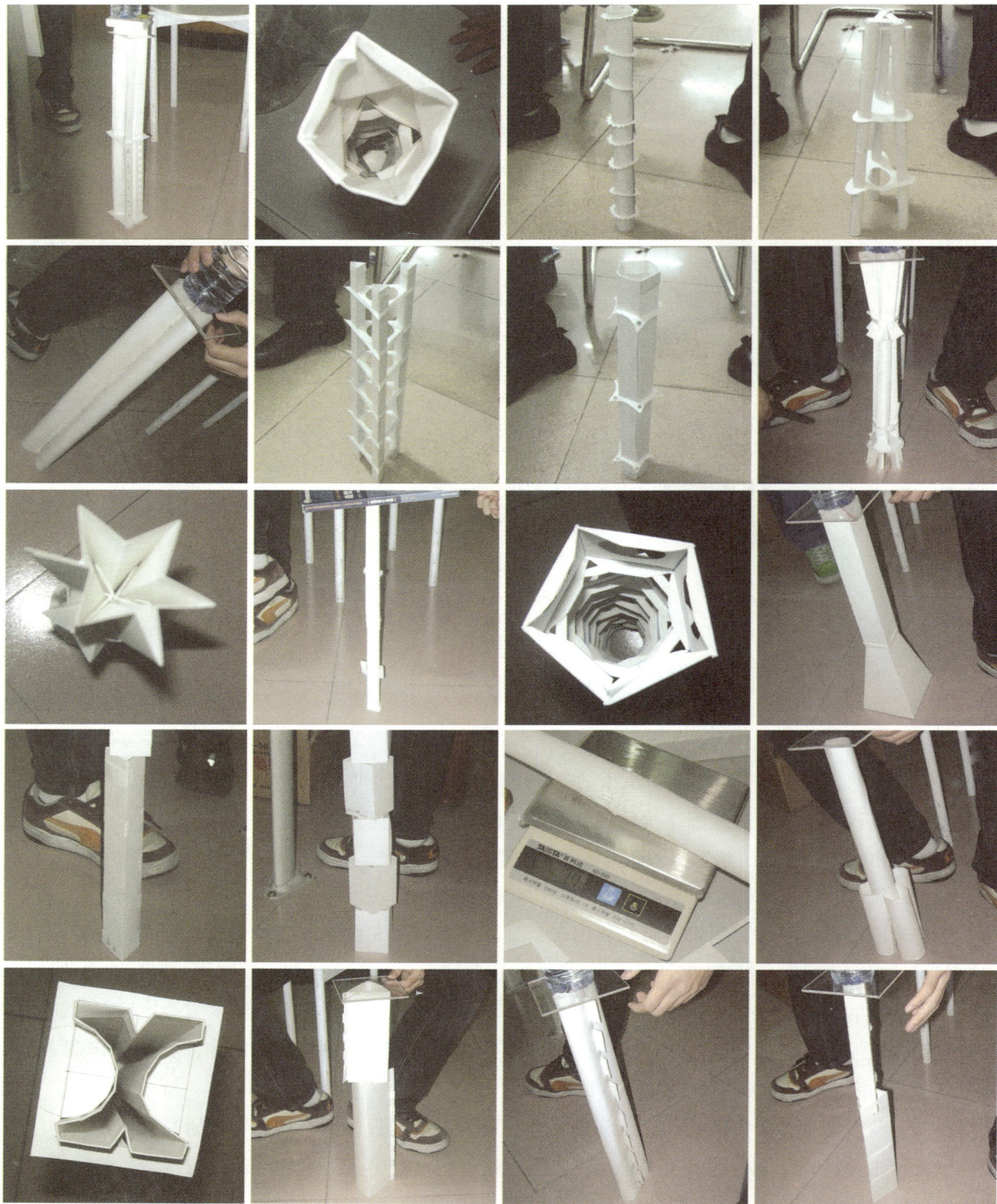

图 2.41

　　在前次承重基础上根据结果进行适当的修改，进行第二次肯特纸纸塔承重试验，这是整个纸塔课题的最后一次承重试验。学生经过以前的多次试验，对于抗压结构有了深刻的理解，对于纸材料的加工工艺也有了比较好的掌握，所以这一次学生的作业造型结构都非常有特点，纸塔基本上都能够承重成功。这一次的作业学生普遍采用了打孔等方式来减轻纸塔自重，使纸塔自重比上一阶段有了明显减轻（见图 2.42）。

图 2.42

经过两个阶段，历时 4 周 24 学时，5 次制作和承重试验。在这个过程中，学生对于纸塔的抗压结构有了深刻的理解，对纸塔构件的连接方式进行了大量试验，最终基本上所有学生的纸塔作业都能够满足承重的需要。学生对于力、结构、材料、加工精度、造型和审美之间关系的认识更加深刻。对比上一个课题，学生对造型结构的驾驭能力和动手制作能力都有了大幅度的提高，同时课题也培养了学生深入研究的能力和精益求精的学习态度。

2.3.4　课题展示与评价

承重试验：合格。

自身重量：10g。

评价：方案整体造型优美，方案的主体承重构件是 3 个三棱柱，3 个支撑棱柱以最小截面积达到最大受力效果，连接部分既具有加强筋的作用，也具有一定美感，将整体形态完美地统一起来。50cm 长的三棱柱由两段长度各为 25cm 的三棱柱通过勾边折叠的方式连接而成，为了满足承重的需要，三棱柱底部与顶部，均作内向挪边处理，强化了与地面和承重面接触部分的局部强度（见图 2.43）。

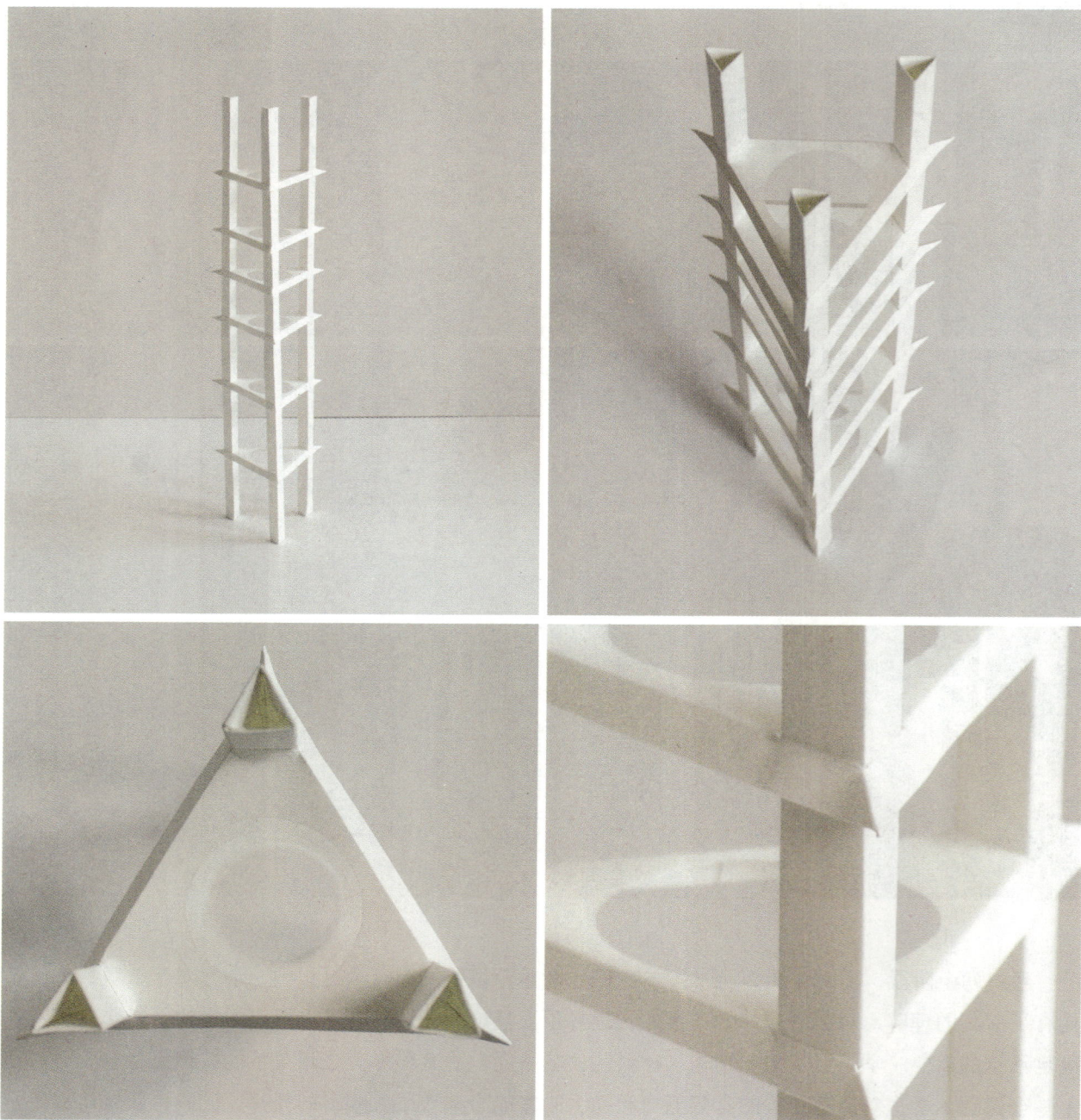

图 2.43

承重试验：合格。

自身重量：14g。

评价：因为 1 张纸长度不够 50cm 长，所以取两张肯特纸，先通过勾边折叠的方式合成一整张，然后将这张 50cm 长的肯特纸中间保留部分保持平面，两边分别向相反方向弯曲形成，平面部分中间开几个小缝，曲面的端头插入小缝就形成了整体的双半圆柱形。方案整体造型对比单纯的圆筒形更有意味，而且这种双半圆柱形的造型增强了纸塔的稳定性。纸塔的非连接部分曲面打孔，有效地减少了纸塔的自重（见图 2.44）。

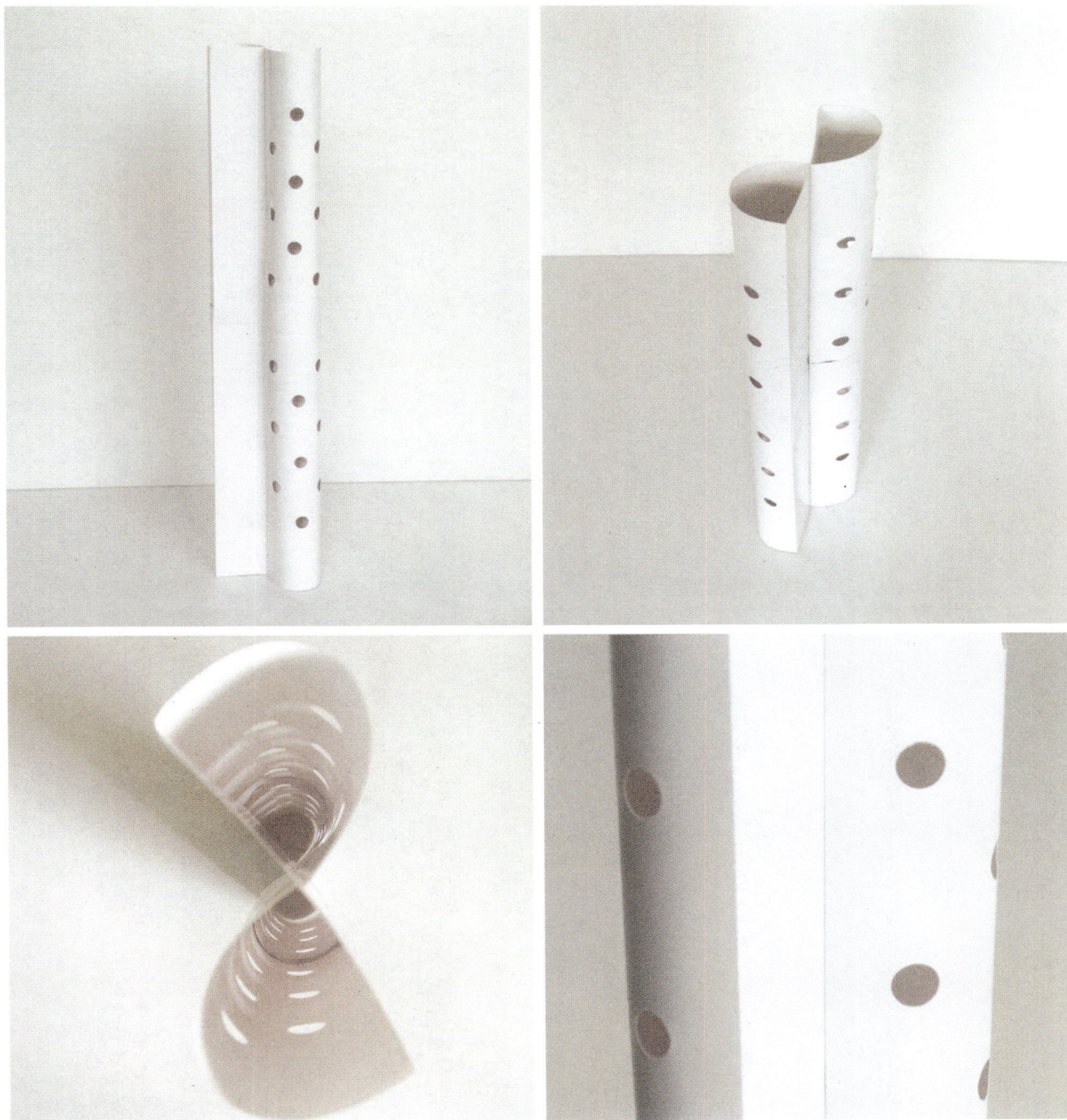

图 2.44

承重试验：合格。

自身重量：17g。

评价：该方案整体造型优美、稳定性好。纸塔是由上下两部分构成，利用纸盒包装的折纸方法将肯特纸折制成纸塔一半的形状，然后通过缝插接固定形状，最后上下两部分摞放在一起，形成纸塔的整体形状。由于该纸塔主要是棱受力，所以在面上剪出梯形孔，以减少纸塔的自身重量（见图 2.45）。

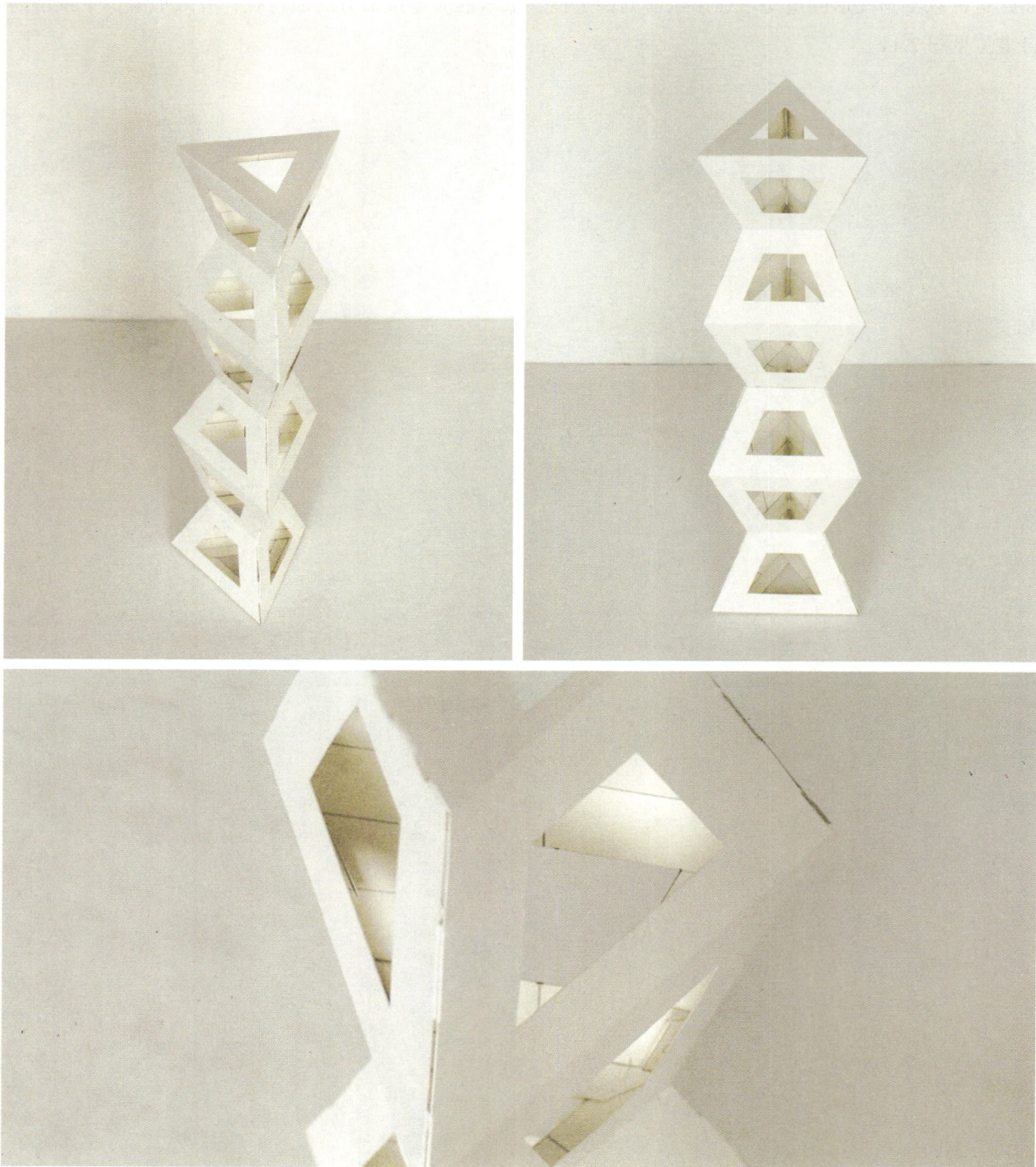

图 2.45

承重试验：合格。

自身重量：19g。

评价：方案整体造型韵律感较强。纸塔是由多块短三棱柱错位叠放而成，由于叠放对每段三棱柱接触的边缘部分强度要求较高，所以所有的三棱柱边缘都进行了向内窝边的强化处理，虽然满足了承重需要，但导致纸塔自身重量稍重，而且这种旋转结构也缺乏一定稳定性（见图2.46）。

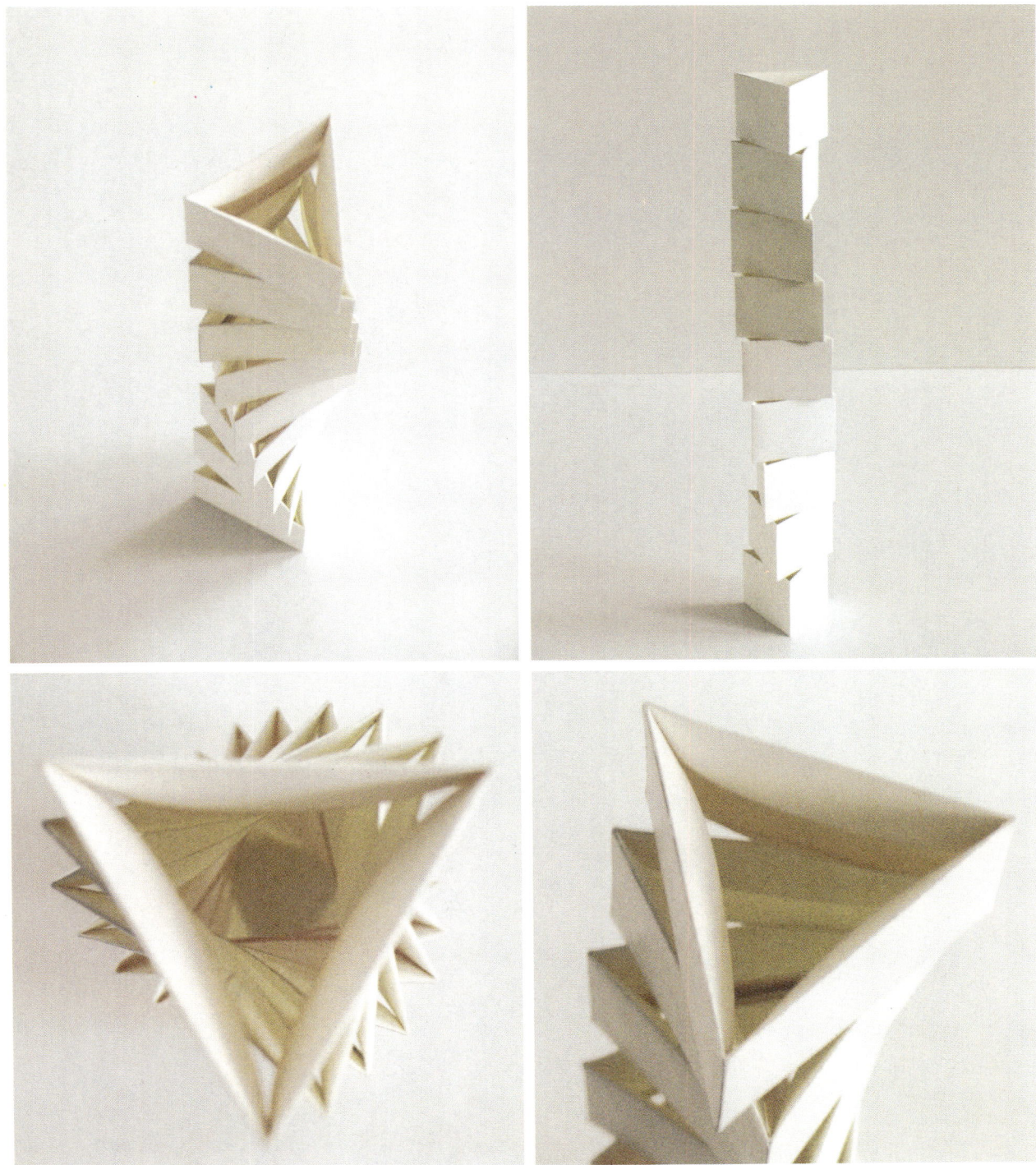

图 2.46

承重试验: 合格。

自身重量: 9g。

评价:该方案是非圆柱造型纸塔,满足承重需要的最轻自重纸塔。纸塔由 3 个三棱柱构成,利用了肯特纸力学能力强的特点,采用了插接的方式,将 3 个三棱柱通过插接的方式连接到一起,构成整个纸塔造型,由于纸塔截面足够小,所以用纸量最少(见图 2.47)。

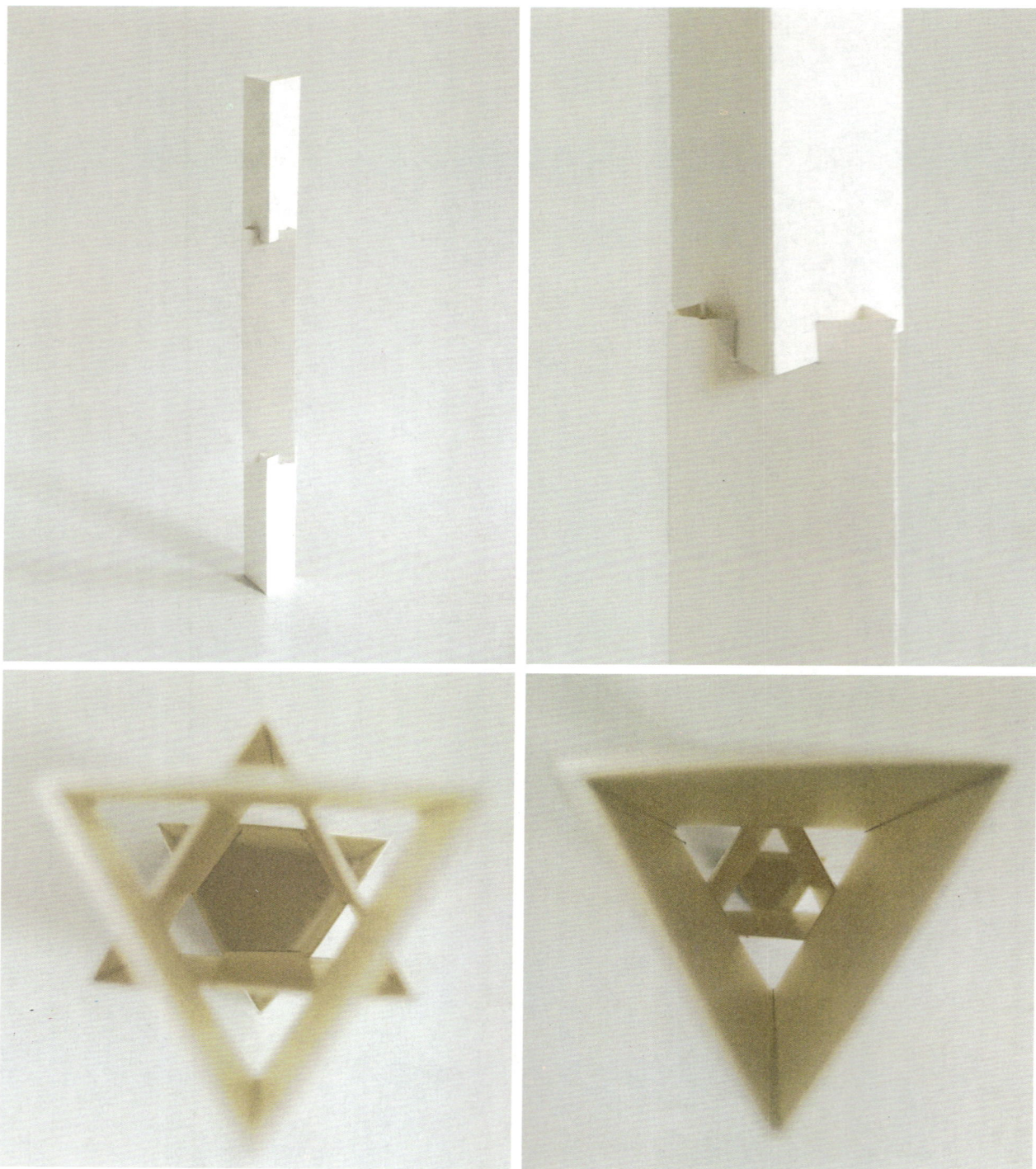

图 2.47

承重试验：合格。

自身重量：16g。

评价：方案整体造型优美，纸塔由两部分构成，通过搭接的方式连接。通过折叠的方式将纸塔折成多棱结构，增加纸塔的受力棱数量，也增强了纸塔的美感（见图 2.48）。

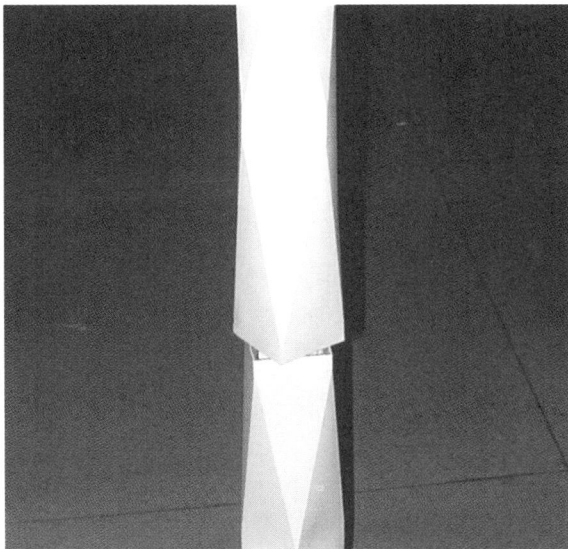

图 2.48

承重试验：合格。

自身重量：22g。

评价：纸塔的主要承重部分是四面内凹的四棱柱，通过内凹的方式增加了承重棱的数量，为了保证截面形状，在纸塔的上中下各加了一个定形片。虽然通过打孔减少了一部分自重，但承重主体柱本身的形状决定了该纸塔自重不可能太少（见图 2.49）。

图 2.49

承重试验：合格。

自身重量：19g。

评价：肯特纸边长 30cm × 30cm，为了要满足 50cm 的塔高，该方案在 30cm 的塔体上下两端各加了一个 10cm 的补高架，使纸塔达到 50cm，这种处理纸塔高度问题的思路很有特点。纸塔主体柱采用杨桃状多棱形柱，与底部 V 形支脚通过垫片顶在一起，形成稳定的结构关系（见图 2.50）。

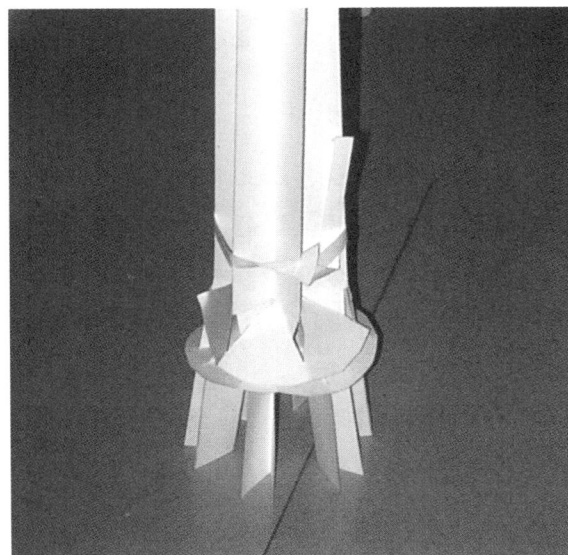

图 2.50

承重试验：合格。

自身重量：14g。

评价：这也是一个通过上下补高形成 50cm 纸塔的方案，纸塔主体柱采用圆柱，通过插接的方式与上下支脚连接起来（见图 2.51）。

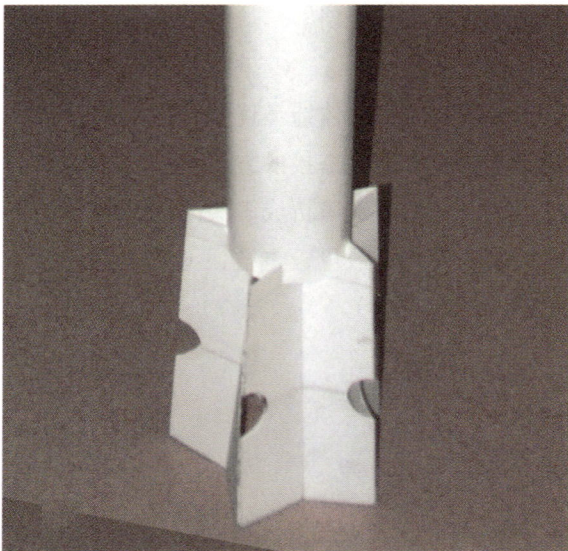

图 2.51

承重试验：合格。

自身重量：15g。

评价：方案整体造型优美，将棱柱造型做到极致。通过多条弧形交错的棱，将纸塔的受力均匀分解到棱柱的各个部分，这样的造型又不会产生由于肯特纸弹性过大导致的圆柱弧形变形的问题，从而保证了纸塔的稳定性（见图 2.52）。

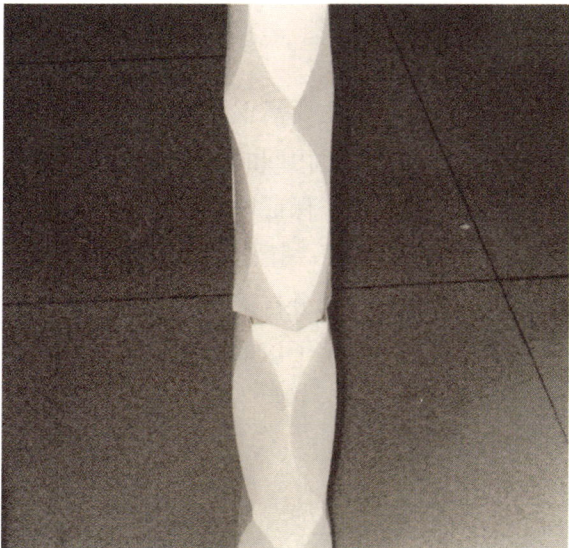

图 2.52

本章小结

从教学角度来说，以上两个课题的目的都是为了帮助学生理解力、结构、功能与造型之间的关系，但具体的侧重点不同。课题 1 更侧重于解决学生对造型结构认识上的问题，让学生通过课题的训练学会分析、抽象和运用造型结构的方法；课题 2 则是在课题 1 的基础上更强调针对一个具体受力问题，深入展开研究，并通过最优的造型结构去解决问题。

从教育的层面来说，课题 1 的重点是引导学生去关注生活，让学生通过课题学会如何学习、如何去做事情；课题 2 则更多的是通过课题培养学生的意志品质，训练学生做事情严谨认真的态度和百折不挠的精神。

第3章 | 机构与造型

本章内容

通过学习掌握基本的机构传动原理知识，拆解并复原某种人造机构，认识"传动"的核心因素。从简到繁综合应用，设计可以实现单向、双向以及多向运动功能的玩具产品。

本章重点

理论学习与实验研究并行，关键是理解和掌握传动系统中各部分机构之间的相互关系，体会系统的重要性。设计过程一定要先易后难，反复实验，逐步提高传动的效果，培养学生综合运用能力和锲而不舍的钻研精神。

3.1 机构与造型的关系

我们生活世界中的物体不是静止不动的，而是时刻都发生着运动，正如哲学中提到的物质是运动着的物质，运动是物质的运动，运动是物质存在的方式和根本属性。简而言之，我们可以把运动理解成物体的存在方式或满足存在需要的一种必然手段。

上一章中我们对物体造型结构的研究是静态研究，研究物体造型在静止这种特殊运动状态下力、结构、造型的关系。但现实中无论是自然界中的自然物，还是人造世界中的人工物，往往不是静止的单纯结构个体，而是由多个构件构成的具有运动功能的造型系统。造型既是静态的力学结构，同时也是动态的造型系统。自然物、人工物的造型都是以动态的形式存在，通过运动实现其功能。如植物的造型由于植物本身的生长和繁衍需要，每时每刻都在变化（生根、发芽、开花、结果等）；动物的造型由于动物的生存和繁衍需要，也在每时每刻地变化着（成长、觅食等）。

物体的运动是通过一定的方式实现的。自然物实现运动的构造往往比较复杂，人们为了更好地理解它们和有效地利用它们，将这些运动构造进行简化和抽象，归纳为杆传动、凸轮传动、轴传动、齿轮传动、蜗轮蜗杆传动、带传动、链传动、液压和气压传动等机械传动机构。这些传动机构可以将动力所提供的运动的方式、方向或速度加以改变，实现不同的运动形式和运动效果。这里讲到的机构就是指物体实现运动的传动机构，它是构成物体造型的要素和实现物体运动的基础。

因此，设计专业的学生学习造型，必须要关注造型中的机构。要能够分析和理解复杂造型系统中机构传动的构造，了解物体的运动与传动机构的关系，从中体会运动的原理和动力、传动、功能、审美之间的关系，并学会运用恰当的传动机构去解决实际的问题。这是造型基础课程要解决的又一个重要问题（见图 3.1）。

3.2 玩具机构

3.2.1 课题背景

我们对造型结构的研究是静态研究，但现实中无论是自然界中的自然物，还是人造世界中的人工物，往往不是静止的单纯结构个体，而是由多个构件构成的具有运动功能的造型系统。造型既是静态的力学结构，同时也是动态的造型系统。所以，对于设计专业的学生，学习如何解读复杂系统中的机构传动原理是必须要掌握的一种能力。课题形式的确定主要基于以下几个方面的考虑。

图 3.1

（1）简化理论。设计类学生受以往知识结构和本身思维方式的制约。如果课程内容涉及过多的机械传动原理，学生会感觉既复杂又陌生，很难直接与实际的设计联系起来。所以，课题的理论讲授部分应以图解、动画演示和参观机械传动实物模型的方式，让学生看得见、摸得着，直观地让学生了解简单的传动机构及主要的机械传动原理，不在理论上追求不切实际的深入，而把重点放在理解（会分析传动机构）和交流（学习与人交流的专业语言，如机械制图、专业术语等）上。

（2）体会应用。课题的设置一定要避免"从符号到符号"的理论推导，内容应以实践体验为主，注重引导学生去观察实物、分析实物、动手拆装实物，淡化理论的严密性和系统性。让学生在实践中了解各种机构的应用可能和应用效果，即物体表现出来的各种运动效果是通过什么机构实现的，什么机构（机构系统）能够实现什么运动（动作）。

（3）热爱生活。对生活的热情程度，决定着生活质量和学习效率的高低。课题的内容应以学生动手实际操作为主，这样既可以提高学生学习的兴趣，也可以加深学生的印象，保证学生学习的效果。更有价值的是，这样有利于培养学生从实践中获取知识，并运用这些知识举一反三地去分析问题和解决问题的自主学习钻研能力（见图 3.2）。

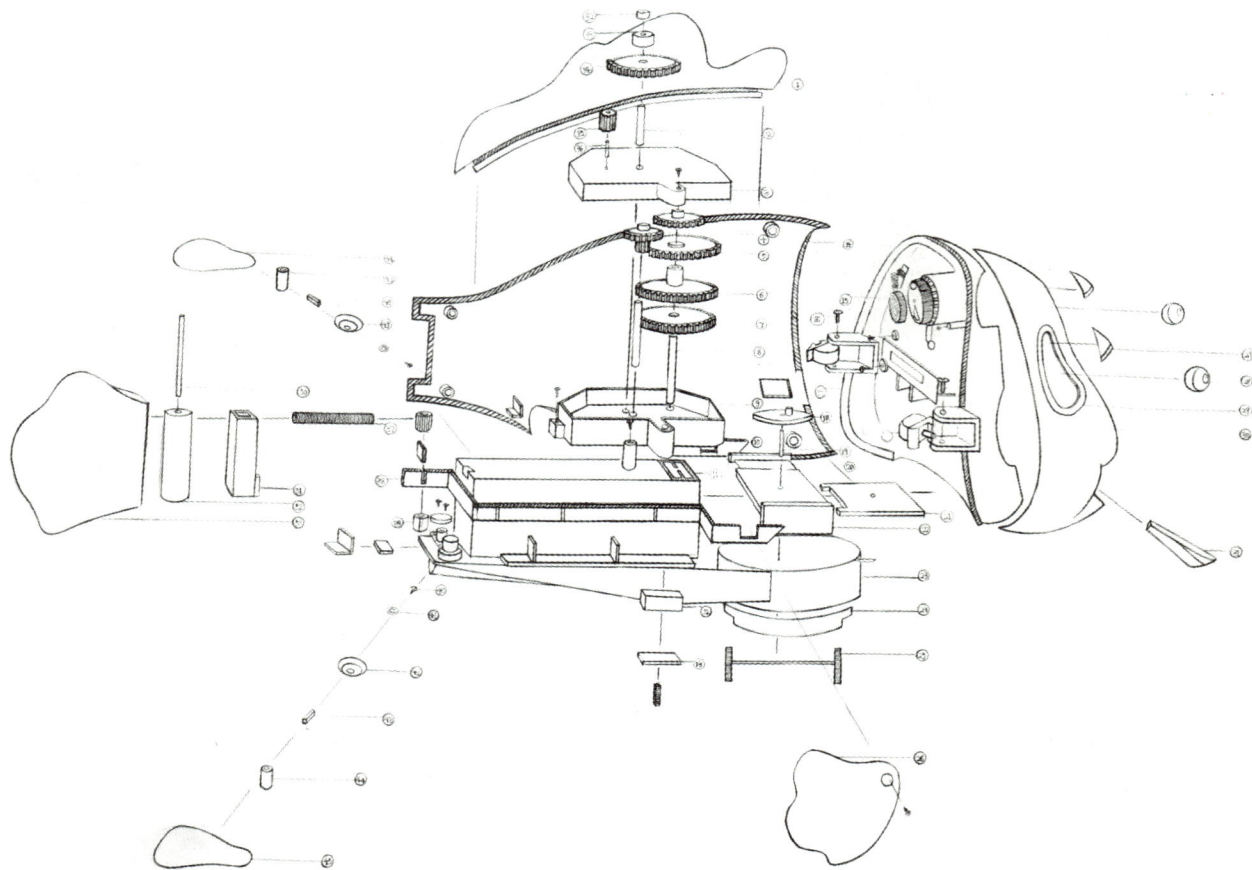

图 3.2

1. 课题内容

学习理解简单的传动机构及主要的机械传动原理（杆传动、轴传动、齿轮传动、皮带传动、蜗轮蜗杆传动等）。学生选择一个玩具（运动状态明显）进行拆解，认真分析和充分理解实现其运动的内部传动原理和机构系统，抽象该玩具的传动形式和结构，运用专业语言和机械制图进行表达。

分析原理：分析传动原理，设计制作设计报告书，不少于 25 页，时间 1 周。

图纸表达：绘制传动机械图和产品爆炸图（注意绘图规范），时间 1 周。

2. 课题目的

本课程通过传动原理的学习和拆解，分析现有玩具，让学生了解物体的运动与传动机构的关系，从中体会运动的原理，体会动力、传动、功能、审美之间的关系，进一步强化学生自主学习和分析问题的能力，培养他们观察生活和自觉积累知识的兴趣和热情。

3. 课题重点

本课程以对物体造型的动态分析（认知造型的动态构造）、理解（抽象造型的动态构造）、表达（运用专业术语和机械制图等方式表达造型的机构构造和性能）为主。整个学习的过程强调理论的直观性、体验性，让学生在"做"中学。

4. 课题提示

设计类学生对物体的外在造型往往比较关注，而对内部的机构却十分陌生。课题通过让学生在轻松的氛围中拆解有趣的玩具，结合传动原理去分析玩具的传动机构，引导学生打破对未知（复杂的机构）的恐惧和抵触。学生在这个过程中，既能够深化对于造型（传动系统）的认识，又能够增强面对挑战的勇气和战胜未知的信心。

玩具作为真实的产品，必然要考虑到传动的稳定性、传动的效率、内部空间的合理布置等多方面因素，这就导致其内部传动构造往往十分复杂。这时候学生要学会分析从复杂的机构表象中抽象主要的传动原理和"动"的本质，分析哪些构造是直接与运动相关的，哪些机构是辅助功能的，这对学生的分析和判断能力也是一种磨炼。

学生要把拆解玩具的过程和对玩具的传动结构的分析通过报告册和机械制图的方式表达出来，这就要求学生要结合理论知识理性地去分析和研究，不能凭主观判断和猜想。学生要去查找和阅读大量相关资料，反复观测拆装试验，请教相关专业人士，才能够得到最终的研究结果。这个过程对强化学生自主学习和解决问题的能力，寻找适合自己的学习和研究的方法都具有重要的作用。另外，报告册和机械制图都要求尽量采用专业语言，这对于提升学生与相关领域专业人士的交流沟通能力也有帮助。

3.2.2 课题设置

1. 分析原理（12 学时左右，分值：60 分）

（1）具体内容。

每位同学选择一款运动效果明显的玩具，对其进行拆解分析，了解运动现象背后的机构原理与零件的装配关系，从中体会动力、传动、功能和审美之间的关系，并通过报告册的形式进行表达。

（2）要求。

报告册的内容应包括拆解玩具的过程、分析玩具机构原理的方法和过程、玩具的运动效果对应的内部传动机构原理说明和运用这些传动机构进行玩具设计构想等几大部分。报告册内容的语言阐述应采用专业术语，绘图应遵照相关绘图规范，以便于沟通和交流。

（3）作业形式。

每位同学提交设计报告书，A4 幅面纸，不少于 30 页，内容包括封面、目录、主体内容和总结几部分。

2. 图纸表达（12 学时左右，分值：40 分）

（1）具体内容。

根据第一阶段的分析结果，抽象研究玩具对象的传动结构原理和零件装配方式，测量构成玩具零件的具体尺寸，将研究的结果通过机械制图的形式表达出来。

（2）要求。

图纸应按照机械制图的具体要求绘制，对于传动机构原理和零件装配关系的表达要清晰、准确。

（3）作业形式。

每位同学提交传动机械图和产品爆炸图各一张，A2 幅面纸。为了便于读图，图纸中涉及的零件都要进行编号命名，并在传动机械图中标注玩具零件的具体尺寸。

3.2.3　课题展开（过程、方法、认识）

考虑到设计类学生的理论基础和学习习惯，在课题进行之前要适当安排一定的理论课时。理论讲授部分主要以图解、模型、动画动态演示的方式为主，弱化纯理论的知识，更加强调运动的原理和运动的效果，让学生直观理解简单的传动机构及主要的机械传动原理。图 3.3 为讲课中给学生演示的传动机构示意动画。

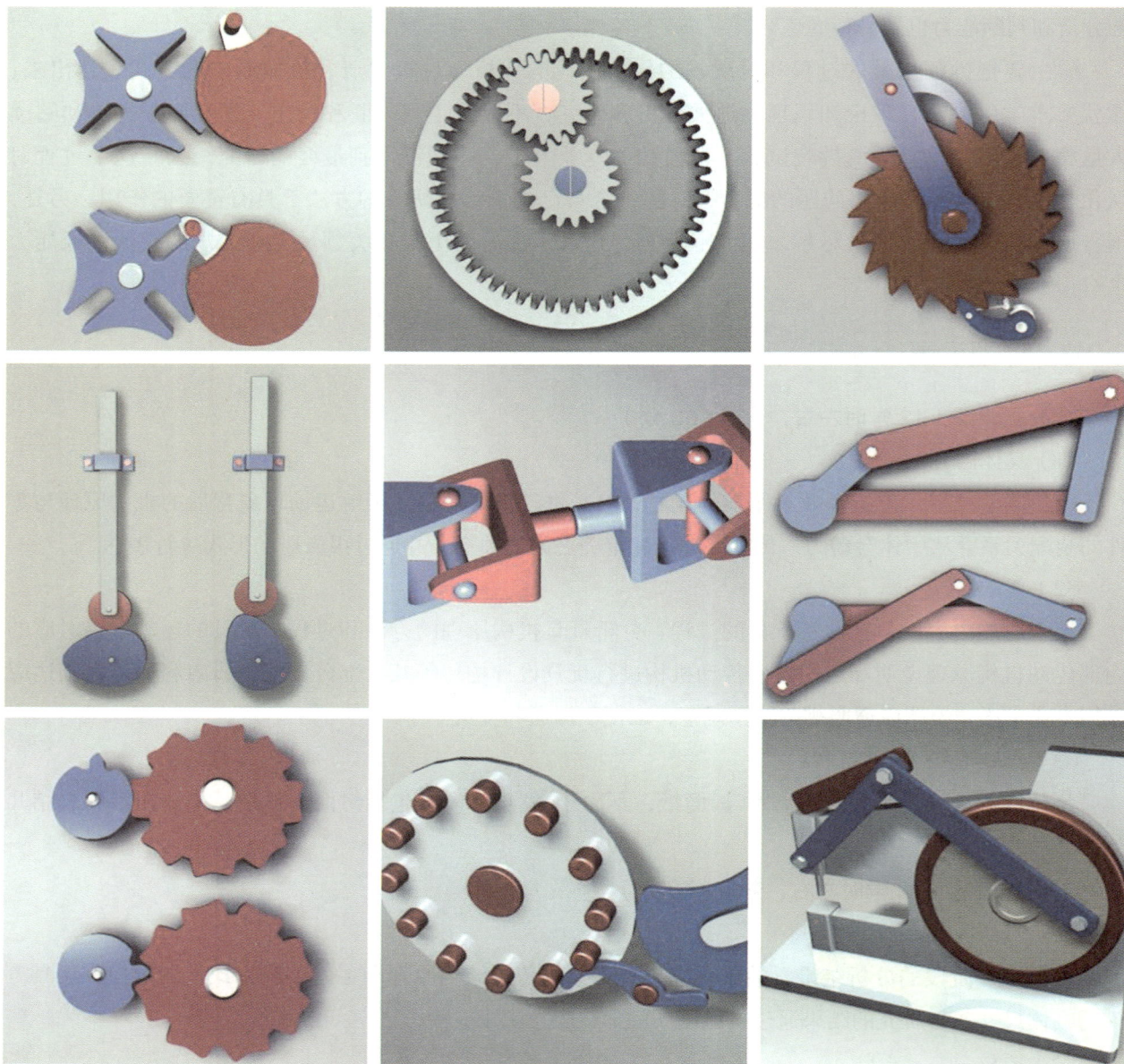

图 3.3

如果条件允许，尽量让学生能够有机会实际地去接触和体验传动实体模型，设计类专业的学生对于传动机构和原理的学习应更侧重应用，而不是理论研究，这种直接的体验能够有效地增强学生对传动机构的感性认识。图 3.4 就是学生在参观和体验机械传动模型时的情景，通过参观体验机械传动实物模型，打破学生对于机械、机构的陌生感，强化学生对传动机构的了解。

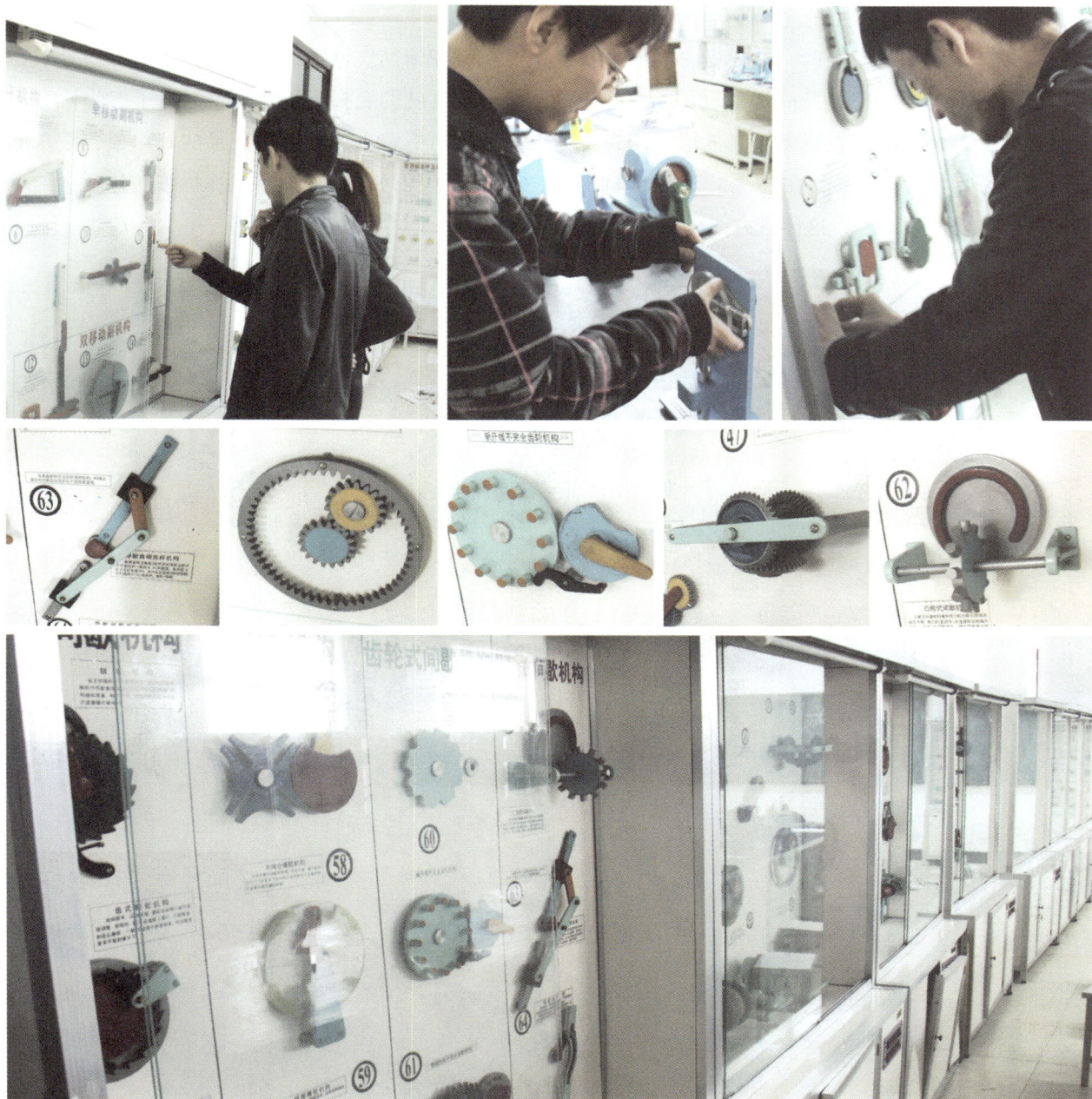

图 3.4

1. 第一阶段

让学生去市场购买玩具作为研究对象，玩具的选择应以结构简单、动态明显、运动形式多样为标准，而且玩具的体量不能太小（不方便拆解和研究）。另外要提示学生接下来要研究的是传动机构，所以一定要选择通过传动机构来实现多样化的运动效果玩具，不要选择通过液压、气压、惯性、磁性、重力等形成运动效果的玩具。

玩具选定之后，首先要观察玩具的动态效果，结合之前的理论学习去分析动力源与运动效果之间的关系，分析产生这些运动效果可能运用的传动结构方式。其次拆解玩具验证前期的分析，同时更深入研究玩具的传动结构设计原理，分析玩具的运动形式和效果内在的传动机构，最后弄明白每个构件在整个玩具中的具体作用是这个阶段学习的一个难点。

很多学生因为缺乏经验，在没做必要的准备的情况下就开始彻底性地拆解玩具，这就容易导致在拆解玩具之后，还没来得及搞清楚玩具的内部机构，整个玩具就彻底报废不能正常运动了，为研究造成了很大的麻烦。所以在拆解玩具的过程中，要养成先分析再拆解，边拆解边记录的好习惯，记录的方式可以采用照片的形式，如图3.5所示，也可以通过手绘记录，如图3.6所示。在拆解的过程中给玩具的各个构件进行编号，这样既方便分析又方便记录。

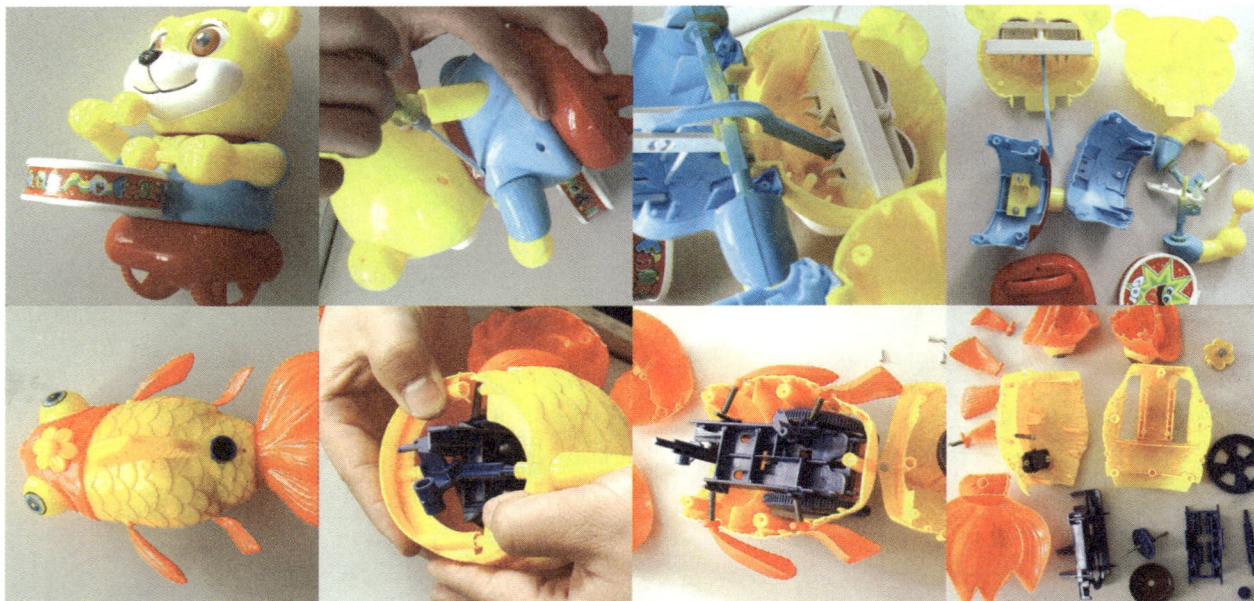

图 3.5

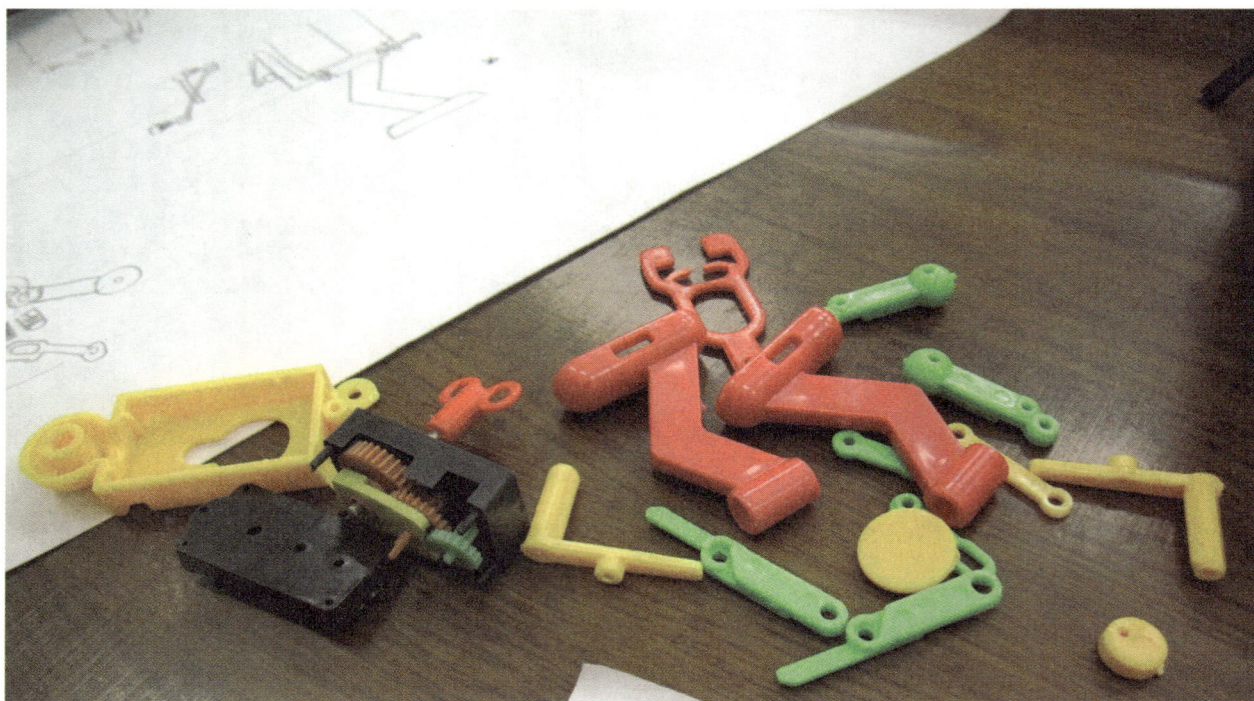

图 3.6

拆解玩具结束之后，学生将拆解玩具过程、分析玩具机构原理的方法和过程、玩具的运动效果对应的内部传动机构原理说明和运用这些传动机构进行玩具设计的构想，以及自己的感受等内容整理成设计报告册（见图3.7）。

图 3.7

课题这一阶段作业要求学生提交设计报告册，其目的不在于报告册本身，而在于让学生在写设计报告的过程中，能够有目的结合简单的机械传动原理去分析现实的现象和问题，强化学生对玩具的动态效果与其内部传动机构之间关系的理解。所以对于报告册的评价应以过程是否真实完整、分析是否深入准确为标准，要引导学生有目的地去学习、研究和思考。

2. 第二阶段

在前一阶段报告册中也有很多玩具传动的机构图，这些图的作用更多是用于记录和辅助分析，并不准确和规范。这一阶段要求学生按照机械制图的规范绘制玩具的传动机械图和产品爆炸图，通过机械制图清晰准确地将玩具的传动原理和方式，玩具的装配关系表达清楚。这个过程既能训练和强化学生运用机械制图语言进行表达和交流的能力，同时也有助于学生更深刻地理解和体会动力、传动、功能和审美之间的关系。

要求设计类专业学生绘制机械制图，应更侧重强调传动原理和装配关系的表达，没有必要按照机械类专业课程那么严格的标准来进行要求，但要做到起码的比例尺度基本准确。所以在绘制之前，要按照玩具构件的编号逐一地对玩具各个构件进行简单的测量和记录，以保证后期图纸中零件的尺寸和比例基本准确（见图3.8）。

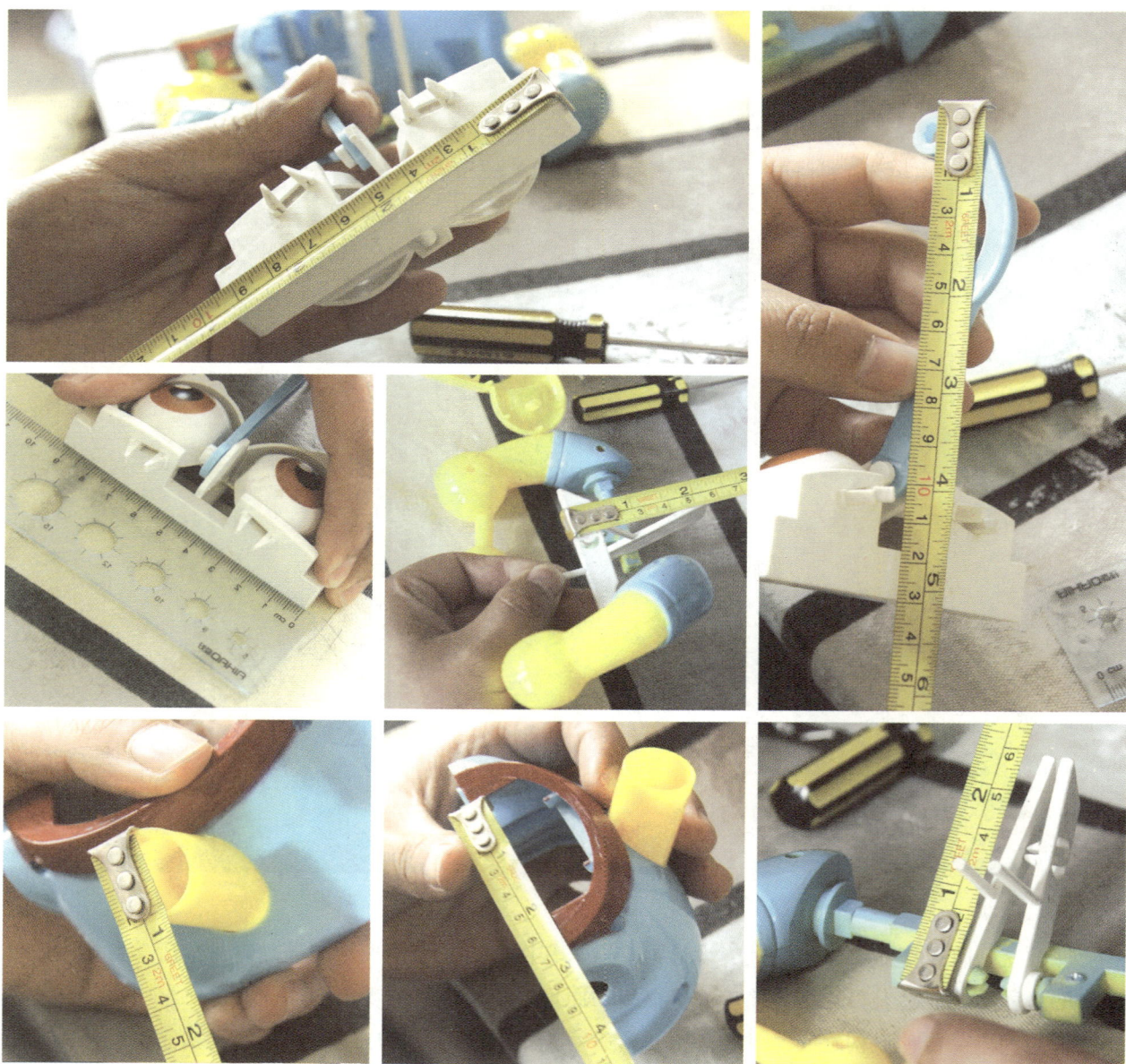

图3.8

由于设计类专业的学生的机械制图课程课时往往比较短，学生对机械制图规范的学习还停留在比较浅的层面，所以在具体机械图的绘制过程中可能会遇到很多表达上的问题。在学生绘制之前，教师要结合绘制玩具传动机械图和产品爆炸图的需要和常见的问题，给学生进行必要的讲解和辅导，给学生提供玩具产品传动机械图和产品爆炸图的规范样图（往届学生优秀作业），学生在绘图过程中如果遇到问题可以随时参照样图，这样就有效地提高了学生制图的规范性（见图3.9）。

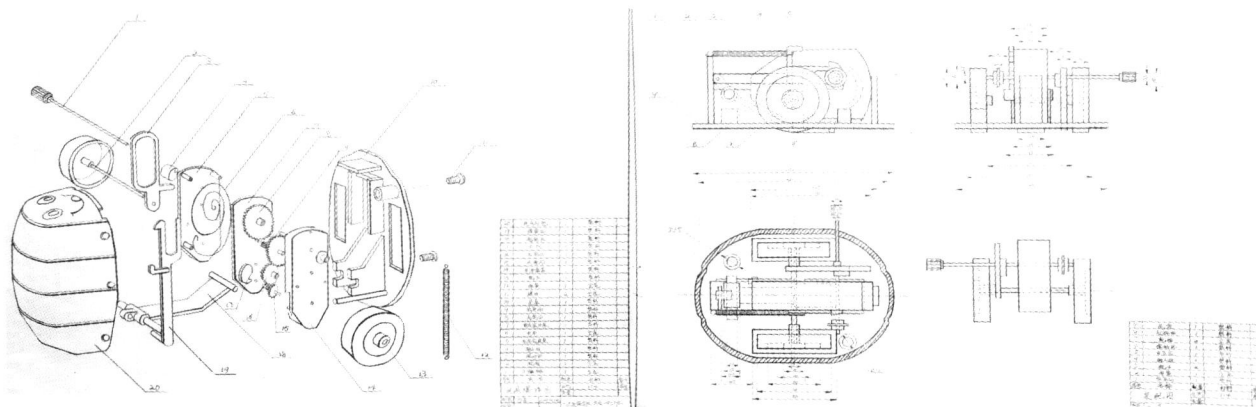

图 3.9

3.2.4　课题展示与评价

产品爆炸图：透视关系准确，零件装配关系清晰。

传动机械图：玩具传动方式表现明确，为了更清楚地表现玩具的机构传动关系，结合玩具动态，单独绘制了玩具动态机构展示图（见图3.10）。

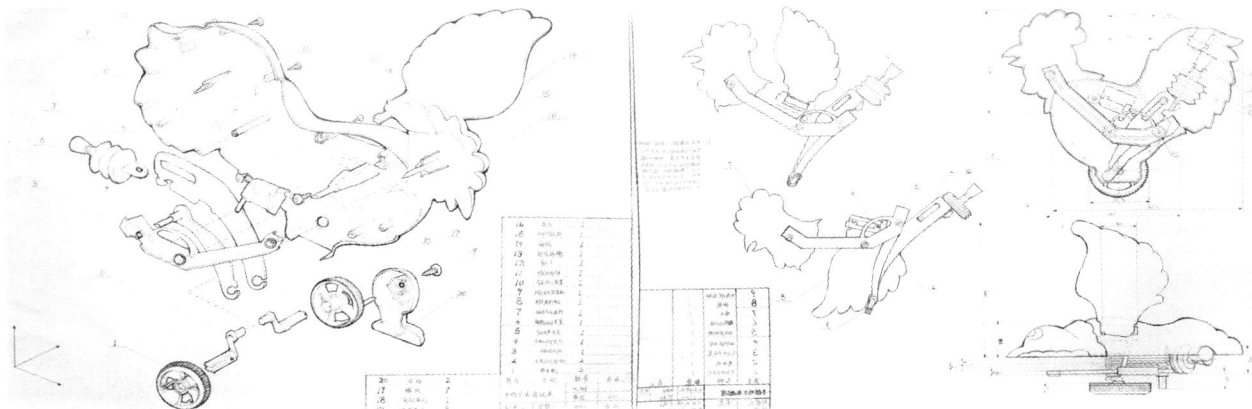

图 3.10

产品爆炸图：玩具马的整体零件装配关系表达较清晰，但局部零件装配关系表达不够准确，腿部零件空间透视关系与整体透视关系不一致，造成解读困难。

传动机械图：视图布置位置有问题，影响正确读图。传动原理、传动方式表达不清晰（见图 3.11）。

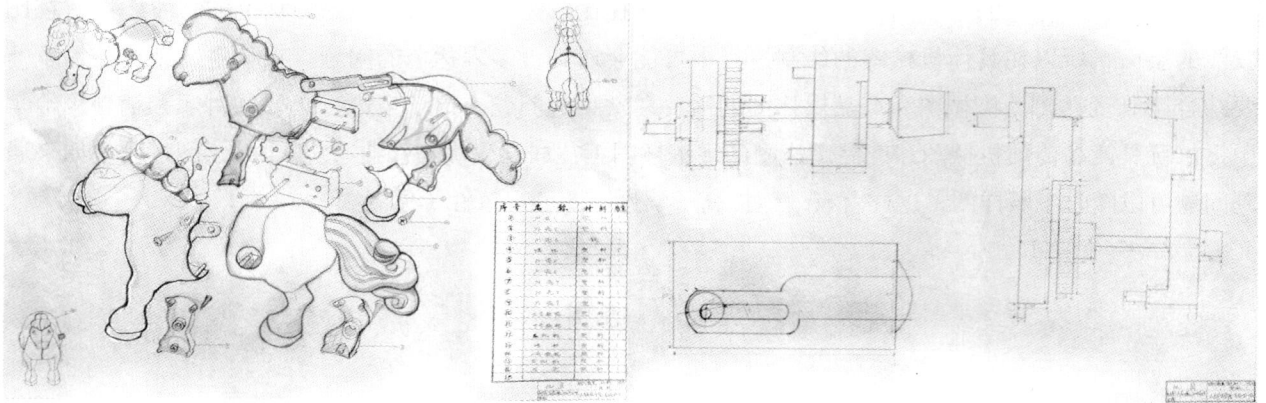

图 3.11

产品爆炸图：整体玩具零件的装配关系表达较清晰，但玩具零件绘制有缺失（如螺旋桨部分、外壳等），干扰正常读图。

传动机械图：玩具传动原理和传动机构表达清晰准确，局部有专门的原理说明，有助于对玩具传动机构进行更好的解读（见图 3.12）。

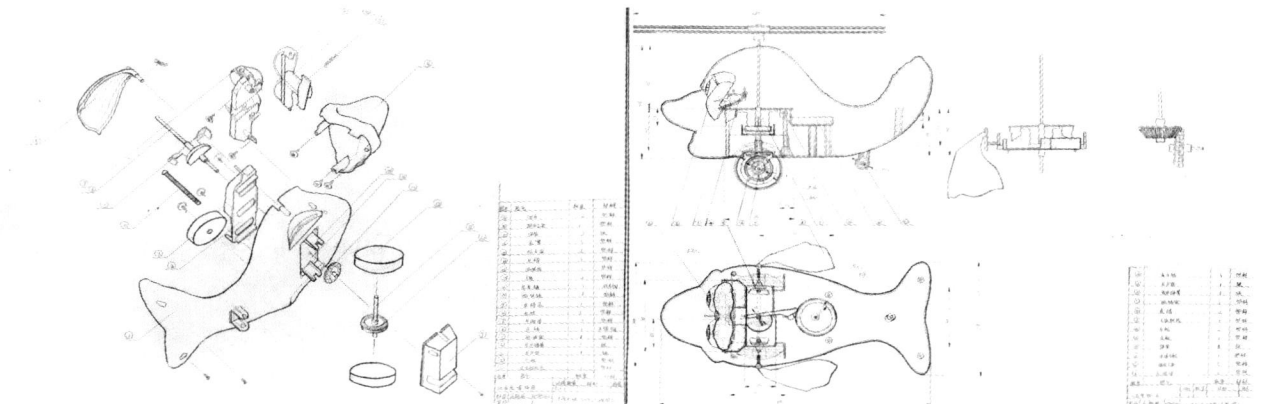

图 3.12

产品爆炸图：玩具主要传动构件装配关系表达较清晰，但玩具零件绘制不完整。

传动机械图：玩具传动原理和传动机构表达清晰准确，可读性强（见图 3.13）。

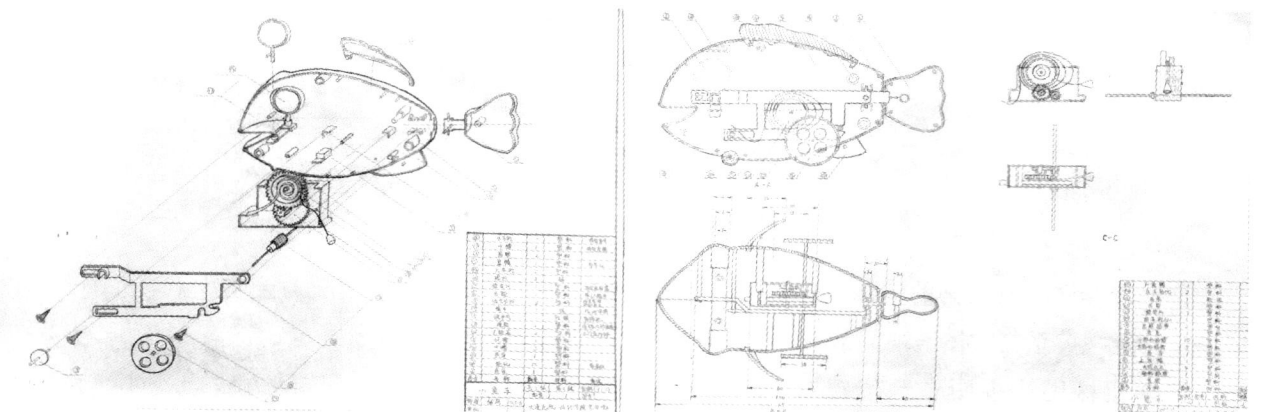

图 3.13

产品爆炸图： 对于玩具研究较细致，但在表现上玩具爆开的空间透视角度不够统一，部分零件的画面排布位置有问题，导致读图有一定困难。

传动机械图： 玩具主要传动构件、传动方式表达较清晰（见图3.14）。

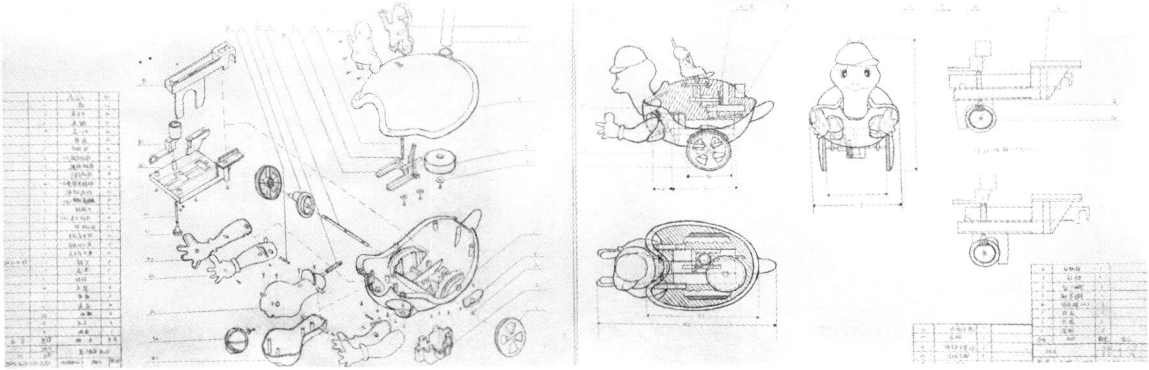

图 3.14

产品爆炸图： 玩具透视角度选择不恰当，导致读图困难。零件不完整，整体爆开幅度不够，看不清结构。

传动机械图： 玩具主要传动方式表达较清晰，零件标注方式稍显混乱（见图3.15）。

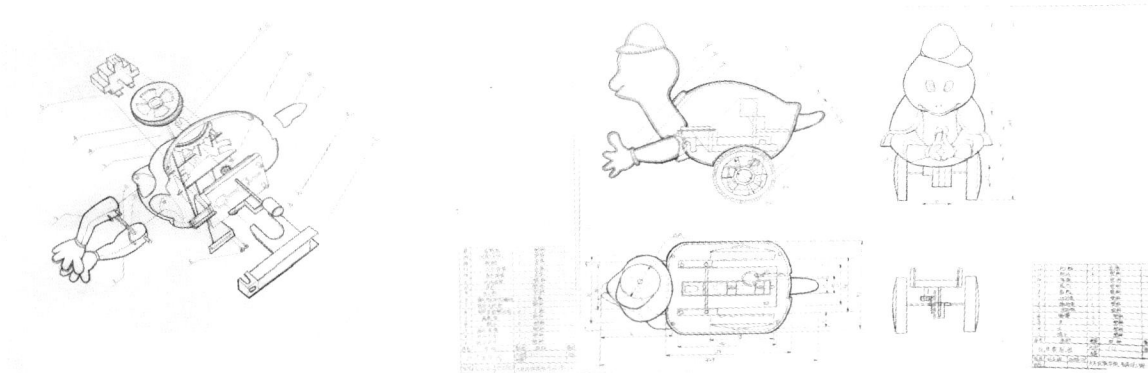

图 3.15

产品爆炸图： 整体透视清晰，空间装配关系交代准确，但表现上内部零件稍显琐碎。

传动机械图： 玩具视图布置方式有问题，右视图应在正视图的左侧，主要传动构件交代较清晰（见图3.16）。

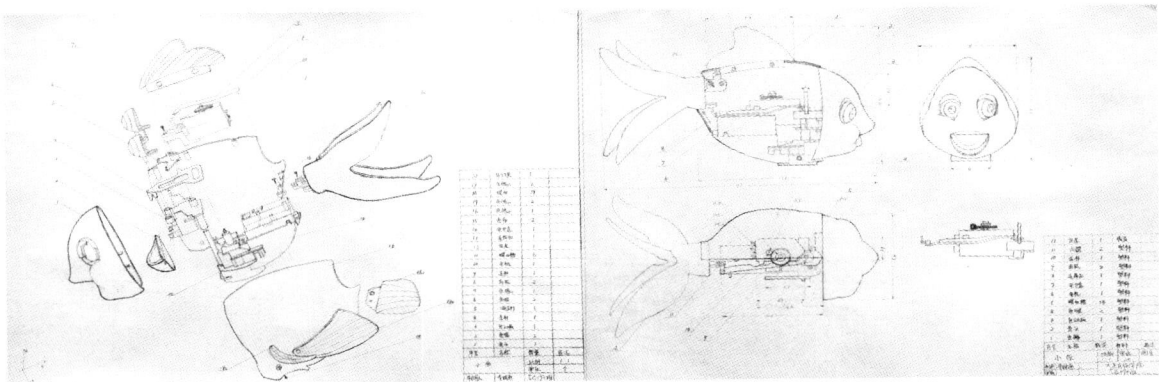

图 3.16

产品爆炸图：玩具透视关系准确，装配关系清晰，但参照透视坐标方向与内容不一致。

传动机械图：玩具主要传动构件、传动方式表达较清晰（见图 3.17）。

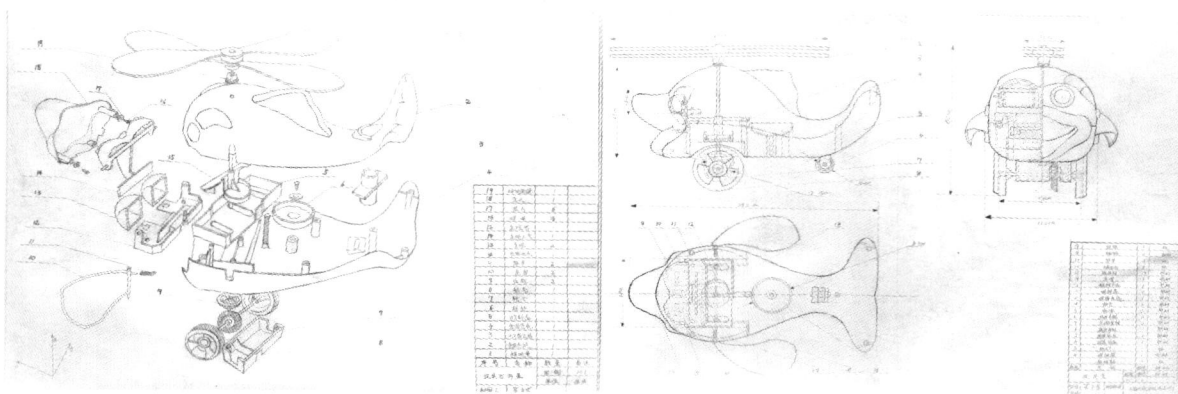

图 3.17

产品爆炸图：零件与装配关系表达较细致，零件相对关系表现也比较准确。

传动机械图：玩具主要传动构件、传动方式表达较清晰（见图 3.18）。

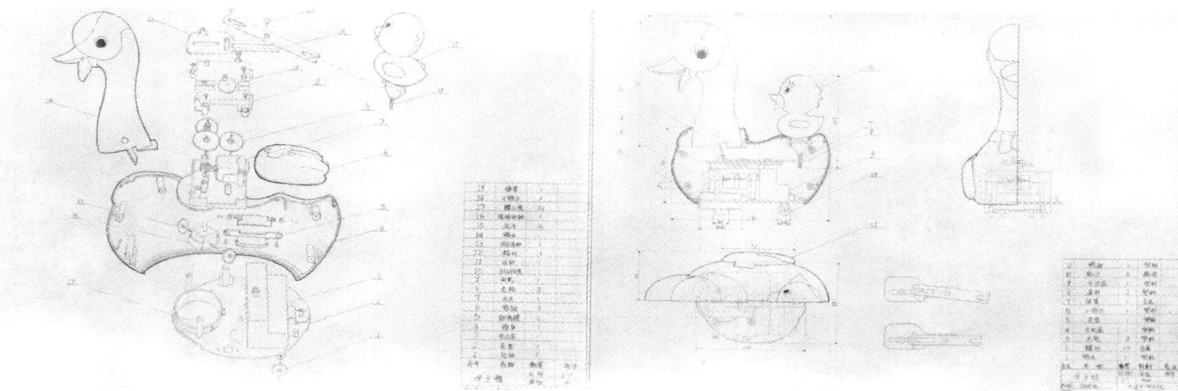

图 3.18

产品爆炸图：零件空间透视关系表现较清晰，但是零件省略太多，导致让人很难理解真实玩具的零件装配关系。

传动机械图：主视图绘制较清晰，但整体版面构图较混乱，可读性弱（见图 3.19）。

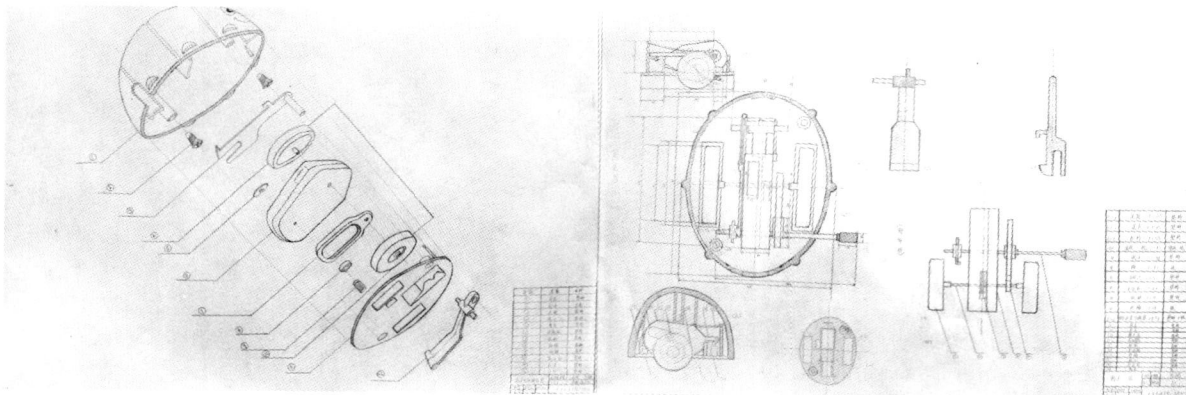

图 3.19

经过一周 12 学时的绘制和反复修改，学生基本上都能够简单地运用机械制图的手段来表达玩具的传动原理和装配关系。这个过程既训练了学生运用机械制图语言表达的能力，同时也深化了学生对玩具传动原理和玩具零件间装配关系的理解，为后期的玩具设计和制作打下良好的基础。

3.3　玩具产品

3.3.1　课题背景

在掌握基本的传动机构和传动原理的基础上，设计专业的学生要能够分析和理解复杂造型系统中机构传动的构造，更重要的是，要学会运用恰当的传动机构去解决实际问题，否则一切学习都成了纸上谈兵。传动机构的设计大都比较复杂，如何确保课题的难度能够在学生能力承受范围之内，并且容易实施（运用的机构过于复杂或制作的难度过高，都会压抑学生的积极性），课题的设置主要基于以下几个方面的考虑。

（1）本课题运用前期抽象出来的传动结构进行新玩具的设计，学生在设计过程中可以参照前一个课题分析的玩具实体机构，这样传动机构的设计难度就相对的小一些，学生也比较容易把握。课题最终制作应选择较容易加工的材料，学生制作的工作量就可以适当地减少，可以把更多的精力放在对传动机构的试验上。

（2）理论研究只能解决原理性的问题，学生只有通过实际的设计、试验和制作，才能体会到机构传动的合理性（用何种传动机构实现玩具的何种运动更适合）、有效性（摩擦、误差、做工精度等因素造成的传动损耗）和稳定性（运动顺畅、稳定）等问题，从中训练学生深入思考、严谨认真的工作习惯，培养学生的综合运用能力和锲而不舍的钻研精神。

（3）玩是学习最好的方式和途径，课题设定的设计制作对象是有趣的玩具。学生围绕着什么样的运动形式能够使玩具有趣，这种有趣的运动通过什么传动机构能够实现这两点来展开思考和设计，让学生在玩中体会动力、传动、功能、审美之间的关系，并运用传动机构来解决问题。这有利于引起学生学习的兴趣，同时在设计和制作的过程中，也能够提高学生解决综合复杂问题的信心，为以后的学习工作打下良好的基础（见图 3.20）。

1. 课题内容

根据前一个课题拆解玩具所抽象出来的传动机构，设计一个具有两种或两种以上运动形式（或效果）的有趣的玩具，动力来源为手动。学生经过推敲和草模试验，最终制作出该玩具的样机，样机要求传动稳定、顺畅。

方案设计，草模试验：每人提出设计方案 5 种，并就其中一个进行草模试验，时间 1 周。

制作样机：尺寸 25cm×25cm×25cm 左右，时间 1 周。

2. 课题目的

课题的目的是让学生通过设计、试验和制作，理解物体运动形式与传动机构的关系，传动系统中各部分机构之间相互关系，以及影响传动机构工作的相关因素，深入体会系统的重要性。并通过反复实验，逐步提高传动的效率和效果，培养学生综合运用传动机构的能力和锲而不舍的钻研精神。

图 3.20

3. 课题重点

课题要求学生设计制作一个能动的、有趣的玩具。课题的重点体现在如何有效地运用传动机构实现有趣的运动上，学生要采用适合的传动机构去进行玩具设计，并在设计制作过程中体会到机构传动的合理性（用何种传动机构实现玩具的何种运动更适合）、有效性（摩擦、误差、做工精度等因素造成的传动损耗）和稳定性（运动顺畅、稳定）等问题，在"玩"中学。

4. 课题提示

玩具设计的要求之一是要有趣，所以学生首先要为玩具选择一个恰当的形象（或题材），学生可以以现有的玩具、卡通形象、自然界中的动植物等为素材去塑造玩具的形象。另外，玩具的形象配合什么样的动态能够产生有趣的效果，也是学生需要关注的问题。通过这样的过程，能够加深学生对于造型、运动、功能和审美的理解。同时内容始终有趣，学生具体操作起来也会有更多的兴趣。

课题要求设计的玩具要具有两种或两种以上的运动形式。一种传动结构往往只能实现一种运动形式，所以为了满足运动形式的要求，学生要全面分析杆传动、轴传动、齿轮传动、皮带传动、蜗轮蜗杆传动等传动方式的特点，采用适合的结构进行设计。这个过程能够强化学生对传动和运动的理解，增强学生综合运用知识解决复杂问题的能力。

最终的玩具样机要求传动稳定、顺畅，这就要求学生要在草模试验阶段和最终作品制作阶段进行大量研究和尝试，这个过程中可能会遇到很多难以预期的问题和困难（比如构件受力的变形问题、传动构件的加工精度问题、摩擦力的损耗问题、构件的固定问题等）。只有不断地解决问题、克服困难才能够达到最终的课题要求，这能够培养学生克服困难、勇于探索、百折不挠的意志品质。

3.3.2　课题设置

1. 方案设计，草模试验（12 学时左右，分值：40 分）

（1）具体内容。

每位同学根据前一个课题拆解玩具所抽象出来的传动机构，设计具有两种或两种以上运动形式的有趣的玩具，并根据设计方案制作草模，进行机构的传动测试，并结合测试机构反复修改草模，直至机构能够顺畅运动为止。

（2）要求。

玩具的设计要有趣，并具有两种或两种以上的运动形式（比如不同方向上的摆动、转动、伸缩等），传动要顺畅、稳定。试验草模的制作要以课题的要求为目标，着重运动形式和运动效果的测试，深入研究反复修改。

（3）作业形式。

每位同学提交 5 个设计方案，A4 幅面纸，内容 5 页（1 页一个方案），在教师的指导下不断修改，并选择其中可行性较强的一个，制作试验草模。草模制作的材料不限，尺寸不限（与最终样机等比例缩放），能测试出传动结构的合理性和稳定性即可。

2. 制作样机（12 学时左右，分值：60 分）

（1）具体内容。

根据课题的要求，结合设计的方案和草模试验的结果，制作最终的玩具样机，并试验玩具样机的运动效果是否稳定、顺畅。

（2）要求。

玩具样机要满足课题的要求，即该玩具是两种或两种以上运动形式、有趣的玩具，玩具的传动要顺畅、稳定。同时作品的制作精度也是考核评价的一个重要指标。

（3）作业形式。

每位同学提交最终玩具样机 1 个，体量控制在 25cm×25cm×25cm 左右。制作玩具的主体材料采用雪弗板（厚度不限，可根据具体需要自行选择），构件间的连接方式不限（如胶粘、铆接、铰接等均可），传动构件的制作材料不作限制，可根据需要使用铁丝、螺丝、线、螺栓、有机玻璃棒、木棒等，但不能够直接采用成品的传动构件（从其他产品上拆下来或购买现成的构件）。

3.3.3　课题展开（过程、方法、认识）

1. 第一阶段

玩具的设计要求好玩有趣。好玩是一个宽泛的概念，因为不同类型的玩具对有趣的要求不同，课题要求的"好玩有趣"更多地是指基于玩具题材通过运动表现出来的趣味效果。

所以在玩具设计之初，学生首先要确定玩具题材和玩具的运动效果。在这个过程中有些学生有很强烈的个人兴趣爱好，这部分学生很容易确定玩具的题材，而有些同学则没有明确的兴趣取向，不知从何入手。这时候教师要给学生以适当的引导，让学生知道其实我们身边很多题材都可以用于玩具设计，比如人、动物、昆虫、植物的动态（跳舞的人、爬行的螃蟹、飞行的蝴蝶、奔跑的豹子、摆动的小花等）、人造物的一些动态（汽车上部件的运动、飞机上部件的运动、机器人的运动、转动的风车等）、经过抽象过的题材的动态（卡通片中的角色、QQ 动态表情中的内容等）（见图 3.21）。

图 3.21

玩具的题材确定之后，学生开始设计玩具的造型。玩具造型的设计要考虑手工加工的可实现性，即要充分考虑雪弗板的加工特点。雪弗板材料的造型方式跟木板、纸板类似，主要有三种：围合成型、叠加成型和穿插成型。另外，如果进行适当加热，雪弗板能够进行适度弯曲（特性类似有机玻璃，但是加热弯曲的程度比有机玻璃要低），所以学生在设计玩具造型的时候主要采用这些造型方式去确定玩具的整体造型，以确保造型设计的可实现性（见图 3.22）。

课题更重要的要求是玩具的动态，这就要求学生要结合前期对传动机构和传动原理的学习以及拆解玩具过程中对玩具传动机构的研究，运用适当的传动机构来实现玩具的多种运动形式和效果。学生在确定玩具题材、造型、结构之后产生大量设计方案，教师要根据课题要求和可实现性帮助学生进行筛选，并就选定的设计方案提出修改意见，供学生参考（见图 3.23）。

图 3.22

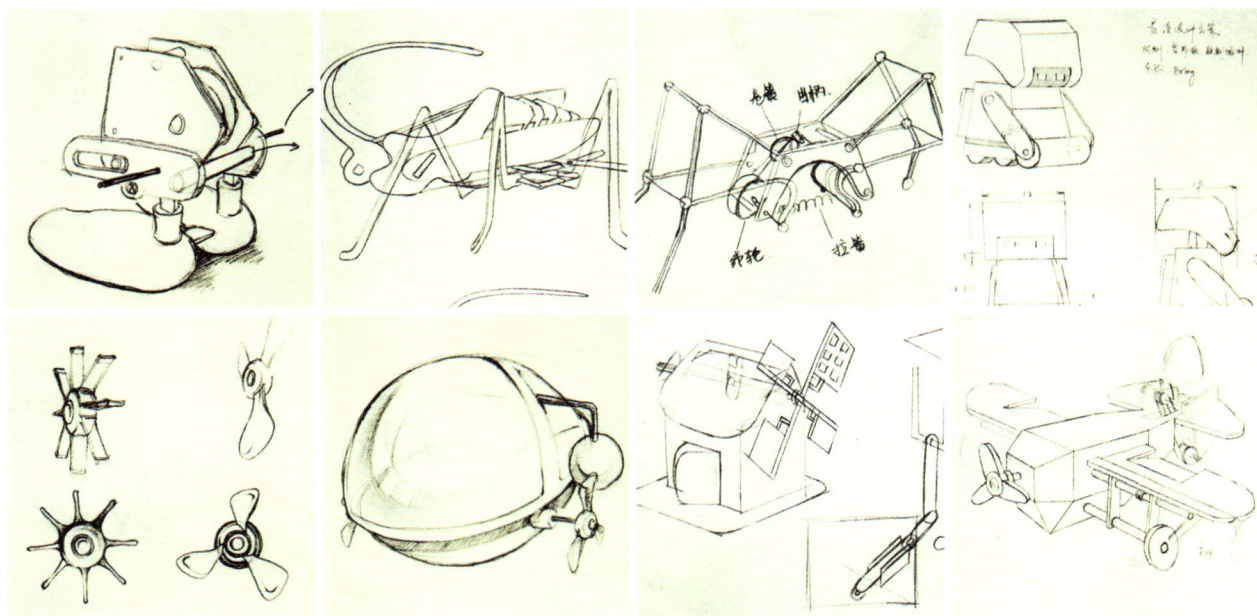

图 3.23

　　方案确定之后进行草模的制作，由于初期学生构想比较理想化，没有考虑具体的实施，在后期草模试验过程中产生了很多问题。比如，动力源的强度问题（如利用轮子与地面的摩擦作为动力源，由于轮子打滑，造成动力源不足）；传动机构的固定问题（学生更多关注的是为了让玩具能动要采用何种传动机构的问题，但没有考虑到传动构件安装在什么位置）；传动机构的有效性问题（皮带、链条传动对于动力的传递经常损耗过多，而齿轮和蜗轮蜗杆由于加工精度的问题，不能够良好的运转）；制作精度问题（由于制作不够精致，误差较大，导致摩擦力过大或者机构失效）等。

　　这一阶段，学生主要围绕着如何解决这些问题进行试验和调整。教师在这一阶段要严格要求，尽可能地要求学生把玩具结构上、造型上、加工上的问题都通过草模试验解决，减少在后期样机制作过程中出现致命性问题的可能。

　　随着不断的试验，玩具机构设计逐渐趋于合理，学生在这个过程中对于造型、运动、功能和审美的关系有了更加深入的理解。

在实际的加工制作中，由于受加工方式的限制，齿轮的制作难度较大，所以学生大多采用了凸轮传动、曲轴传动和杆（或特异杆）传动等传动机构。由于传动对轴承光滑度和强度要求较高，学生大都采用铁丝、有机玻璃棒、竹棒（织毛衣针）、木棒等材料来制作。

经过草模制作阶段，学生对各自设计方案实施的可行性进行了大量试验，并就出现的问题对设计方案进行适当的调整和修改，同时也积累了必要的加工制作方面的经验，为最终玩具模型的制作进行了充分必要的准备（见图3.24）。

图3.24

2. 第二阶段

草模阶段解决的主要问题是玩具结构设计和玩具整体造型效果的问题，所以草模阶段的模型制作只要求能够起到试验的目的即可，并没有过多细节上的要求。而到了最终模型制作阶段，对于学生的模型制作则有了更高的要求，即玩具的外观造型要具有美感，玩具的动态要明显，传动结构要稳定、顺畅，玩具的制作要有一个较高的完成度等。

为了满足这些要求，学生结合前期积累的经验，调动积极性开始了最终模型的制作（见图3.25）。

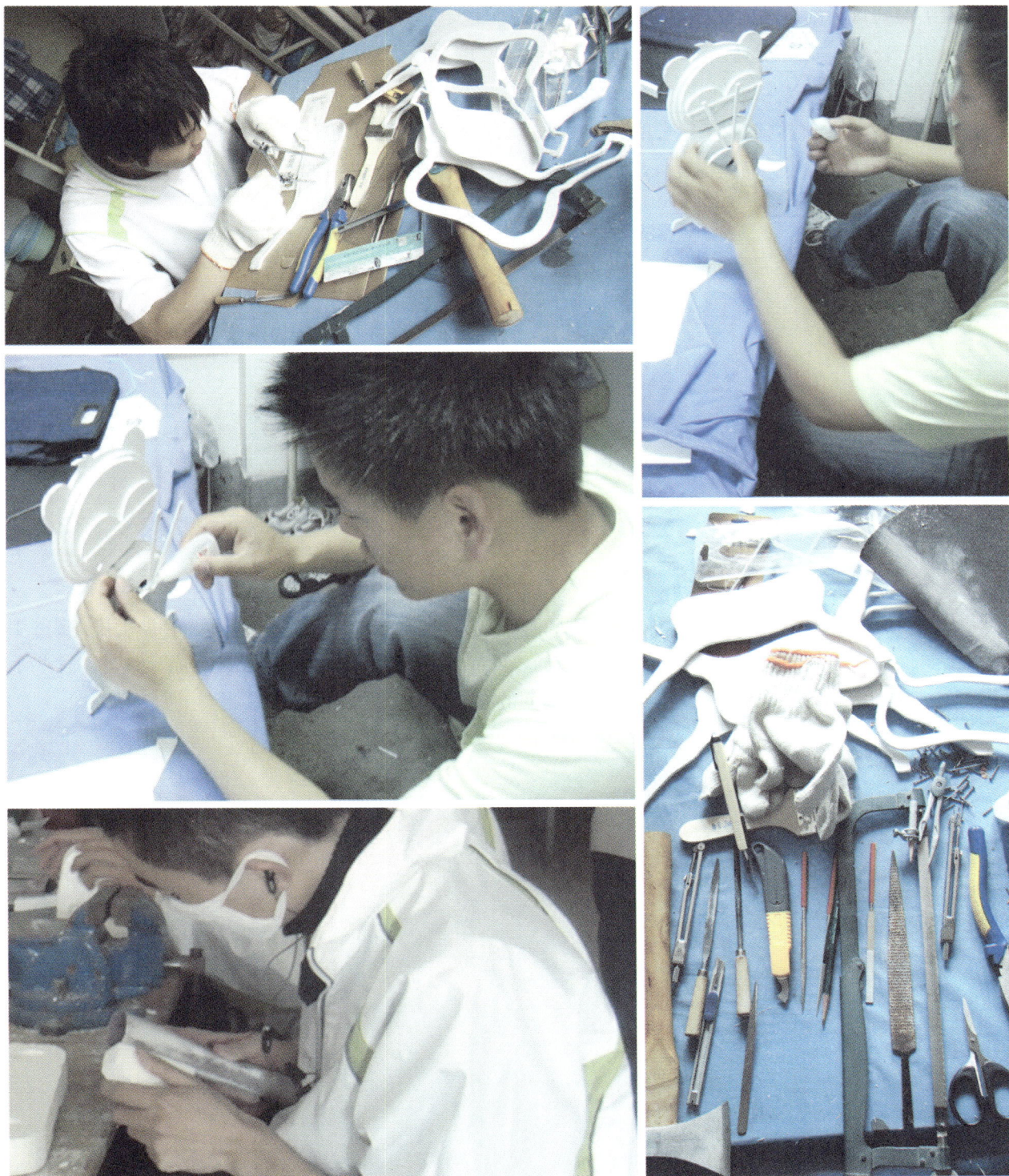

图 3.25

在最终模型制作阶段，学生除了完成玩具整体制作外，把更多的精力放在传动结构的细节和玩具模型的完成度上。虽然经过前期试验，玩具整体设计没什么问题了，但要使玩具满足课题的要求，很多细节问题是前期试验所考虑不到的，这时候就需要学生具体问题具体分析，理论结合实际地去解决问题。

　　为了保证玩具的运动效果明显，传动结构顺畅、稳定，针对出现的问题想出了很多行之有效的办法来解决。比如，很多玩具设计利用轮子与地面的摩擦力作为动力源，而由于雪弗板本身自重较轻，轮子经常打滑。针对这个问题学生就想出多种有效的办法：有的增加了轮子的宽度（通过增大接触面积，增大摩擦力）；有的增加了轮子的数量（通过增加数量，增大摩擦力）；有的为轮子与地面接触面增加纹理（通过增加接触面粗糙度，增大摩擦力）；有的给轮子包上一层橡胶片（通过改变材料，增大摩擦力）；有的给玩具配重（通过增大压力，提高摩擦力）（见图3.26）。

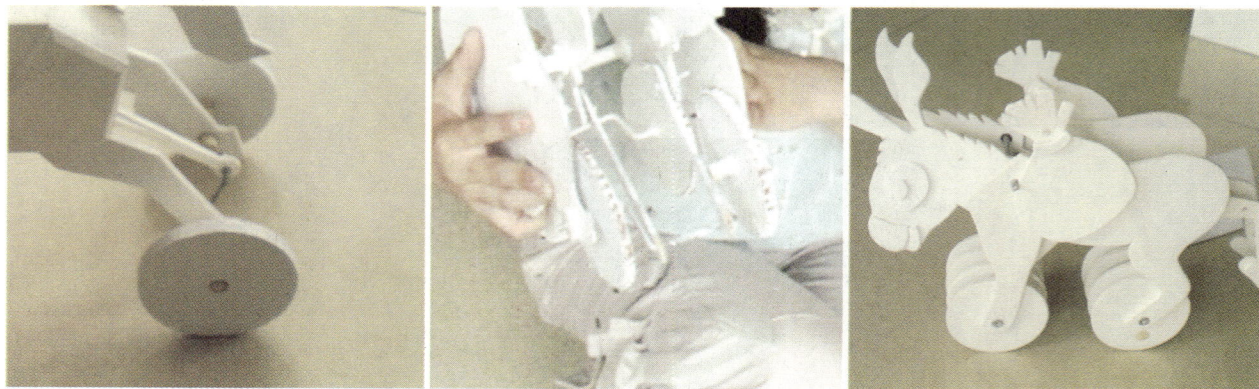

图 3.26

　　为了增加玩具的整体造型美感和玩具模型的完成度，学生除了增加制作的精度外也采用了多种手段，比如，适度增加造型细节，给玩具模型增加表面涂装绘画效果，给玩具设计产品标牌等。这些手段和方法的采用，很大幅度地提高了最终玩具模型的完成效果（见图3.27）。

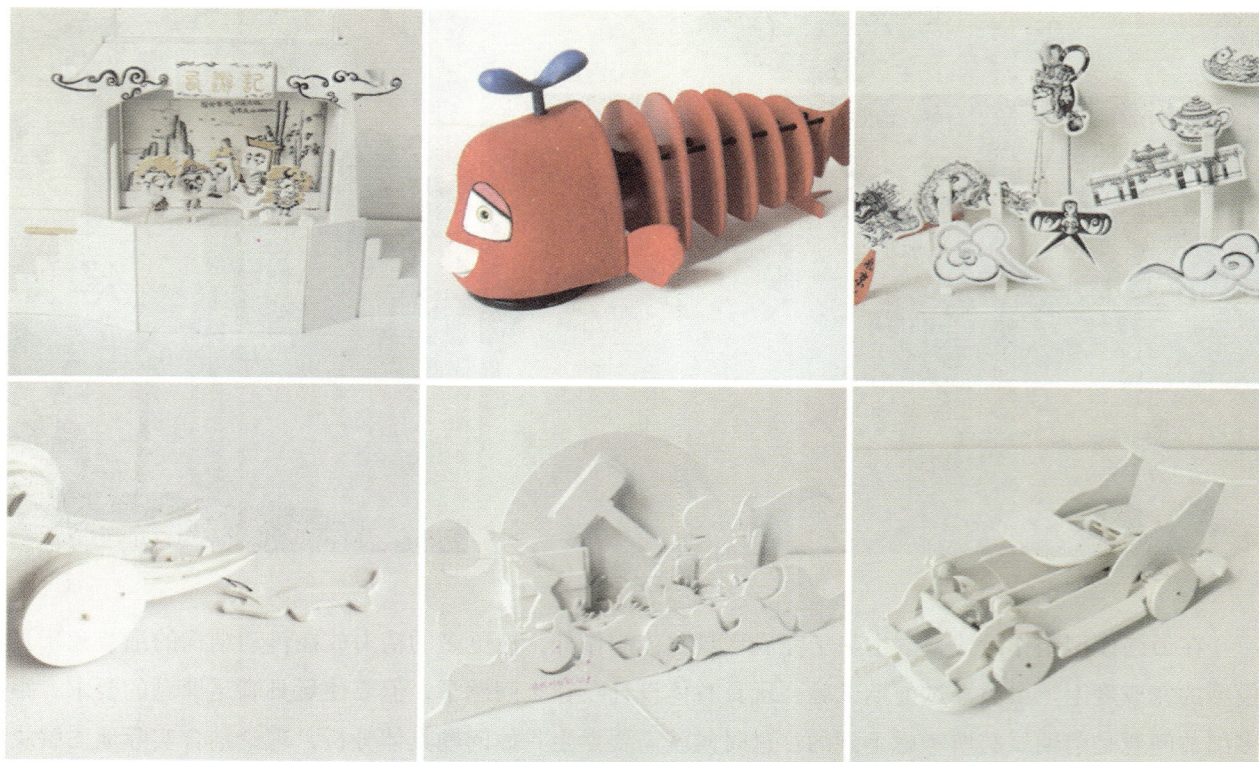

图 3.27

　　经过一周时间的制作，最终玩具模型完成。作业的提交是通过作业展览的形式进行的，因为之前学生的设计、试验和制作更多是自己在玩中学，在做中学，或是小范围的师生交流和讨论，始终没有大范围的交流和展示，作业展览的作业提交形式正是提供给学生一个公共交流和展示的平台。作业提交后，教师对每一个玩具进行逐一点评，学生们参观，互相交流。学校给学生提供的是一个学习的氛围和平台，教师是课程课题的设计者，并在课程课题进程中是方向引导者与规则维护者；学生的学习是在学校的大氛围中，在课题的规则要求下，自我的学习，与学生在共同的课题中互相的学习，只有这样学生才能够养成自主学习、自主思考、积极交流的良好习惯。所以，最终的作业展览是整个课题不可或缺的一个重要环节（见图 3.28）。

图 3.28

3.3.4　课题展示与评价

传动结构：曲轴传动、杆传动。

运动效果：当轮子与地面摩擦滚动，螃蟹的 10 只脚分三组，呈不同状态伸缩或摆动，螃蟹双眼呈不规律颤动（下加弹簧，为非传动动态），符合课题要求。

整体效果：玩具题材有趣，运动动态明显，整体传动较顺畅，但由于杆传动为非固定连接，导致螃蟹两螯与最下端两腿运动不够稳定，造型效果良好（见图 3.29）。

制作完成度：优。

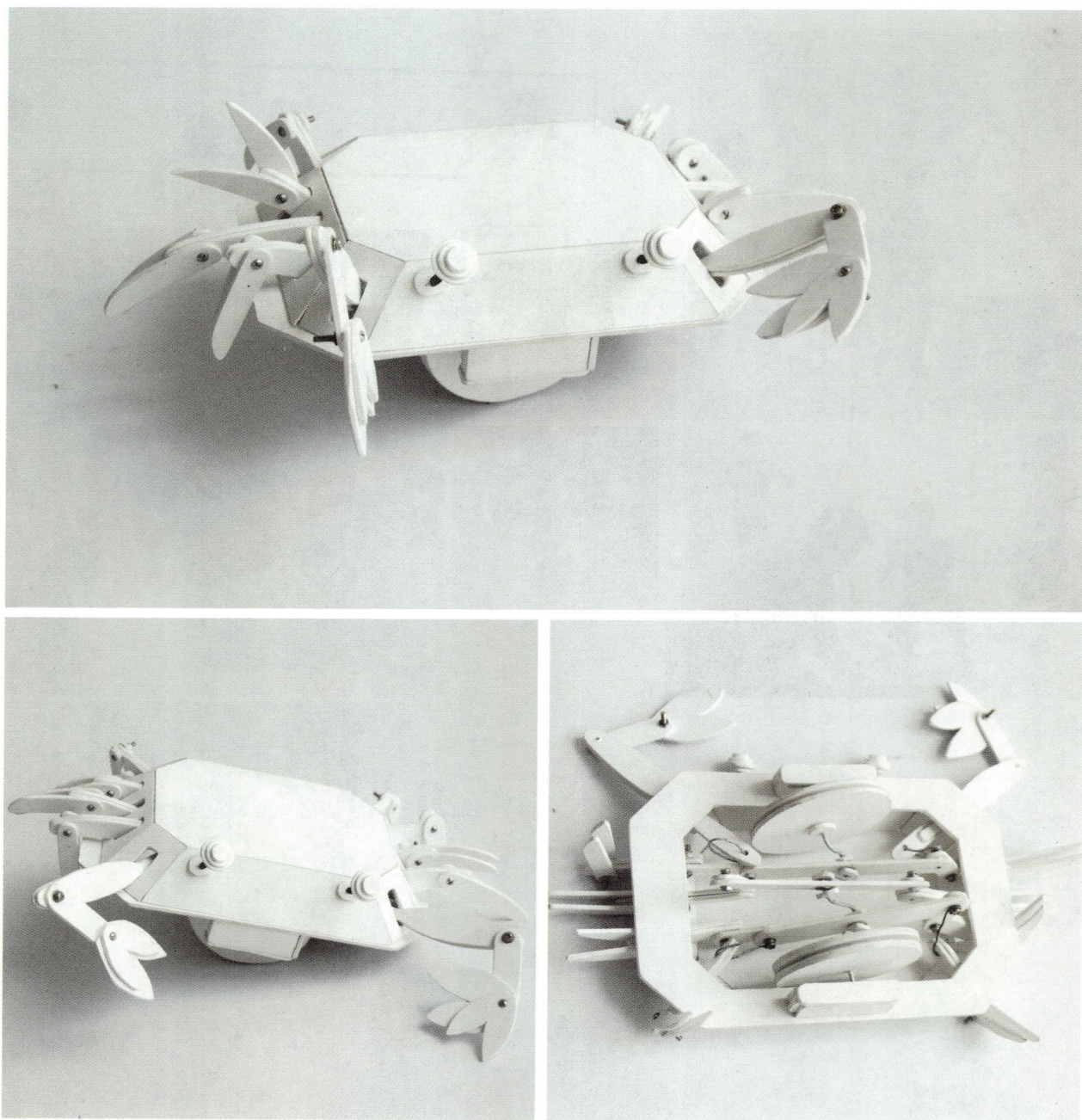

图 3.29

传动结构：杆传动（偏心轮传动、特异杆传动）。

运动效果：当向前推动鳄鱼时，偏心轮带动鳄鱼上颚上下运动，上颚部贯通轴通过特异杆带动鳄鱼尾部上下运动，符合课题要求。

整体效果：玩具题材有趣，鳄鱼上颚运动动态明显，尾部由于传动杆角度偏小，动态不明显。玩具自重轻，前轮需要带动上颚与尾部两部分结构，摩擦动力不足，导致整体传动不够顺畅，造型效果良好（见图 3.30）。

制作完成度：优。

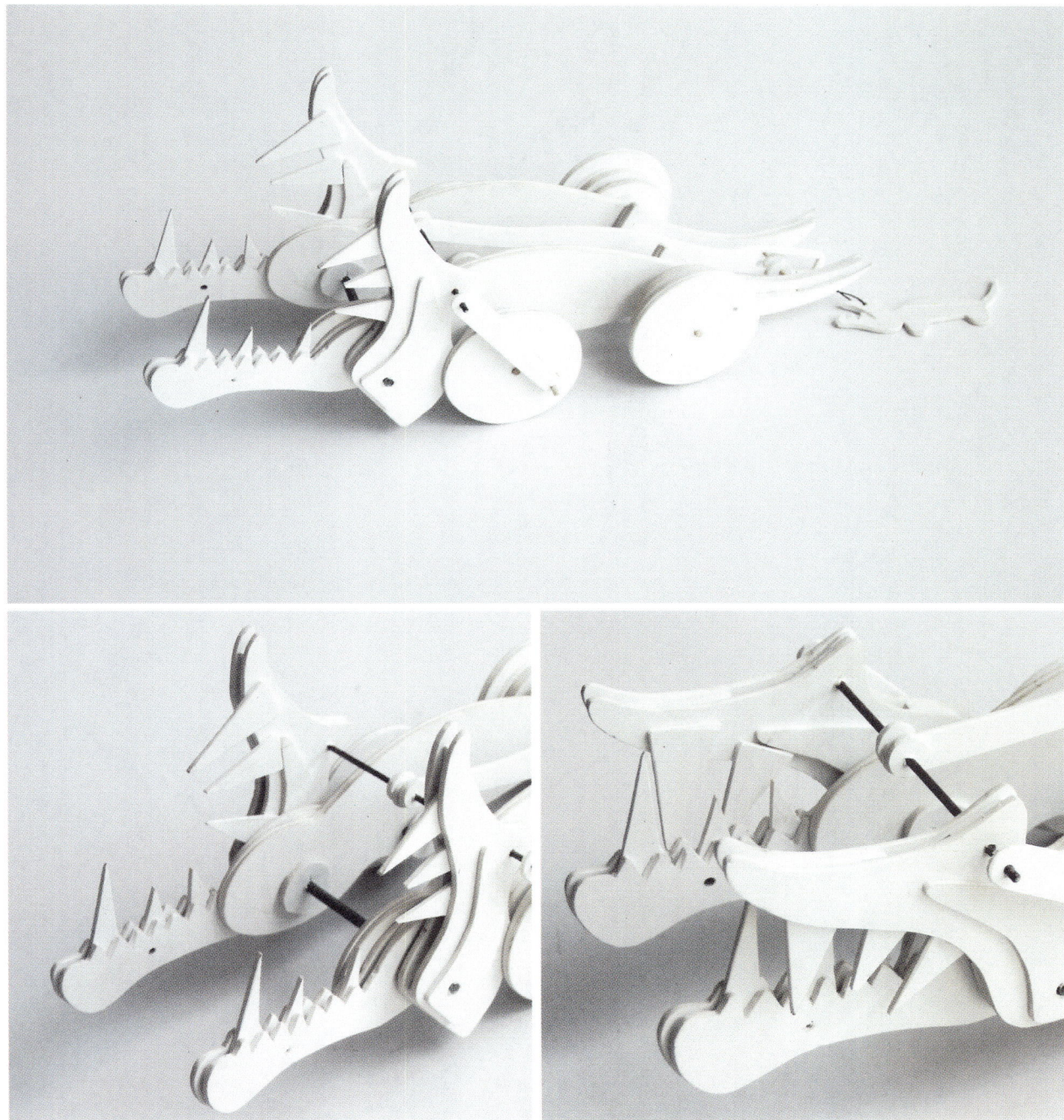

图 3.30

传动结构：杆传动。

运动效果：推拉孔雀尾部，通过杆传动带动，孔雀尾部能够呈现开屏效果，但运动效果单一，缺少运动效果，不符合课题要求。

整体效果：玩具题材有趣，孔雀尾部开屏动态明显，连杆机构运用巧妙，但作为玩具缺少操作方式的引导，让人不知道如何去操作该玩具，整体传动顺畅，造型效果良好（见图 3.31）。

制作完成度：优。

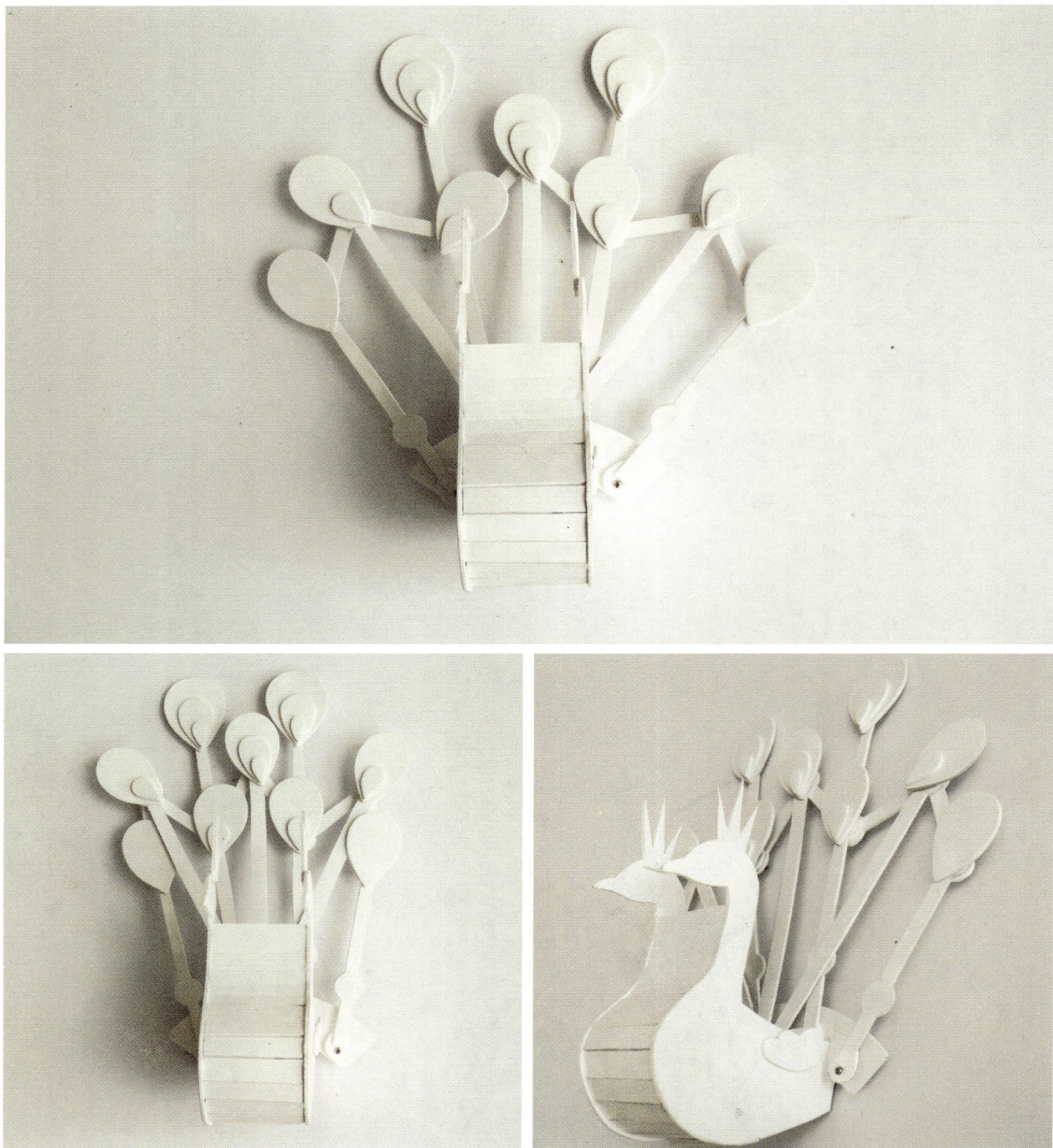

图 3.31

传动结构： 杆传动（偏心轮传动、杆传动）。

运动效果： 推动该车，一个偏心轮带动下铲面，一个偏心轮带动上铲面，车上部铲口上下开合，同时整体铲部呈前后摆动，符合课题要求。

整体效果： 玩具题材有趣，动态效果明显、有趣，运动顺畅、稳定，造型效果完整（见图 3.32）。

制作完成度： 优。

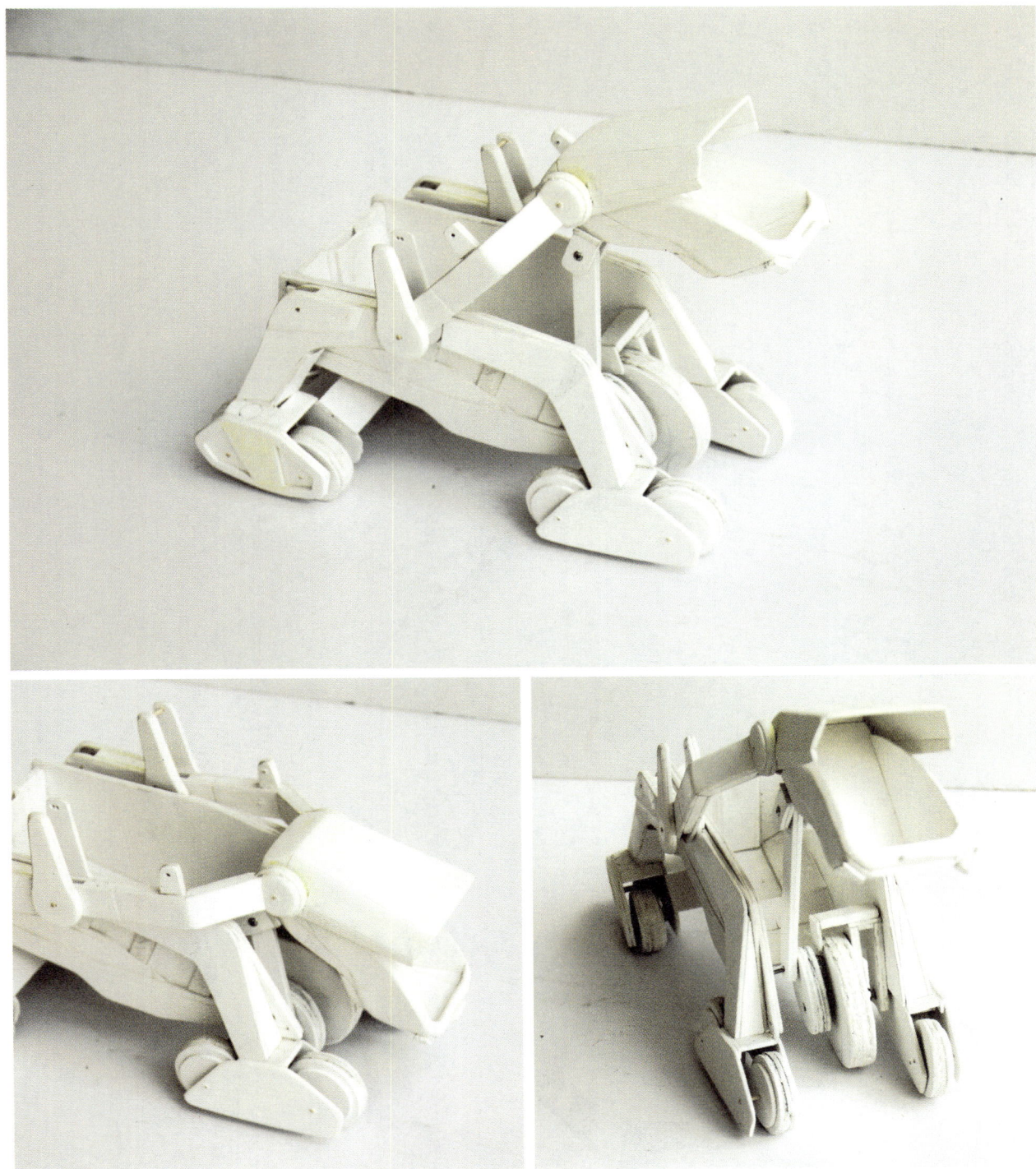

图 3.32

传动结构：杆传动（偏心轮传动、杆传动）。

运动效果：推动玩具，偏心轮带动连杆，使松鼠双臂轮流敲击鼓面。虽然有两套传动系统，但这两套传动系统传动结构相同，不够符合课题要求。

整体效果：玩具题材有趣，运动效果稍显单一，传动顺畅、稳定，造型效果良好（见图3.33）。

制作完成度：优。

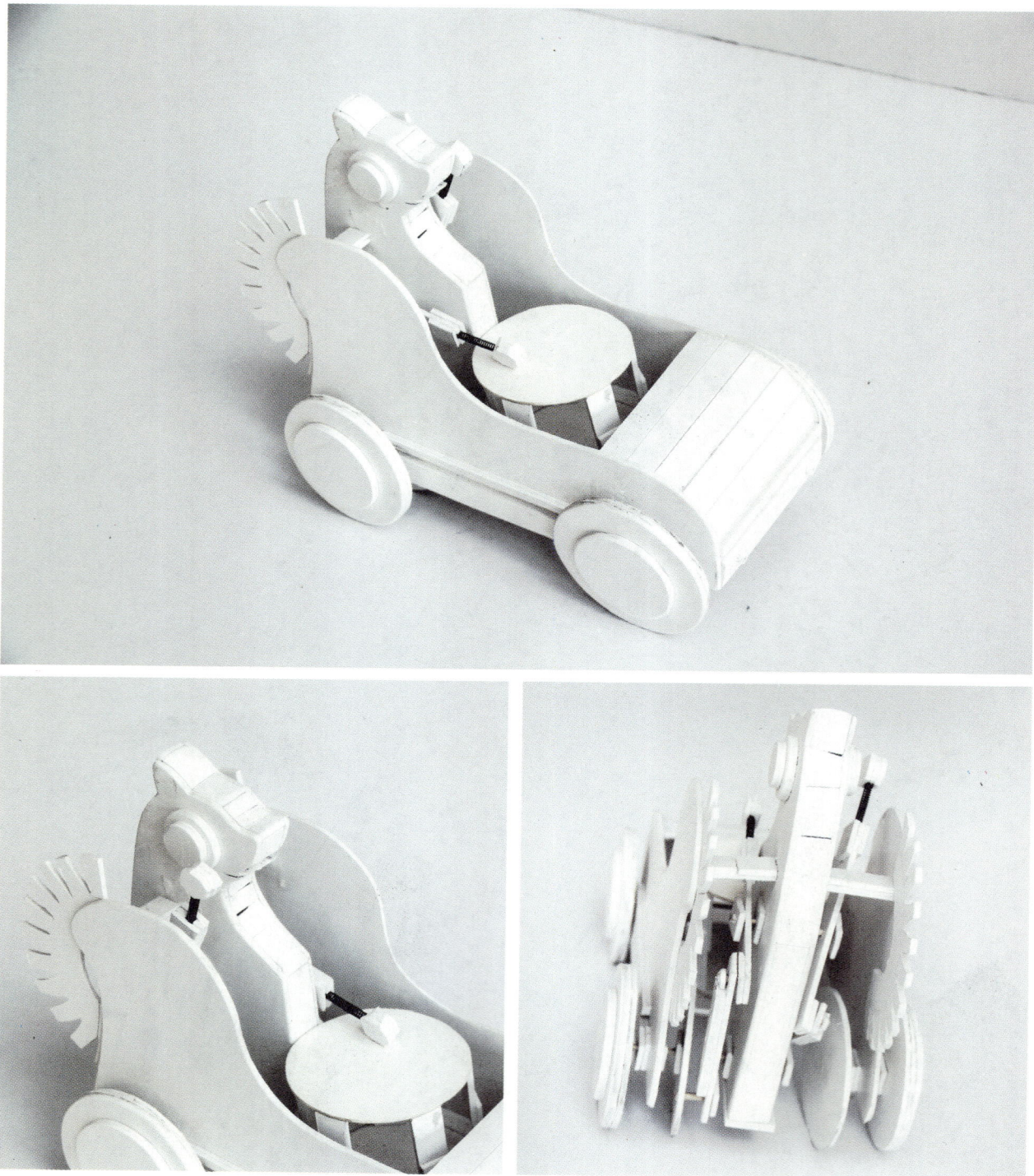

图 3.33

传动结构：曲轴传动、杆传动、皮带传动。

运动效果：推动玩具，前轮通过皮带带动恐龙前爪旋转，后轮外部带动恐龙后腿前后摆动，后轮曲杆推动连杆带动恐龙下颚上下开合，符合课题要求。

整体效果：玩具题材有趣，运动效果明显、丰富，传动顺畅、稳定，但作为完整的玩具，恐龙前爪的运动效果稍显怪异，造型效果良好（见图 3.34）。

制作完成度：优。

图 3.34

传动结构：曲轴传动、杆传动。

运动效果：摇动旋转手柄，曲轴带动前后两套连杆分别带动猎豹前臂、头部和后腿与尾部，按照猎豹奔跑动态运动，符合课题要求。

整体效果：玩具题材有趣，运动效果明显、丰富，传动顺畅、稳定，造型效果良好（见图3.35）。

制作完成度：优。

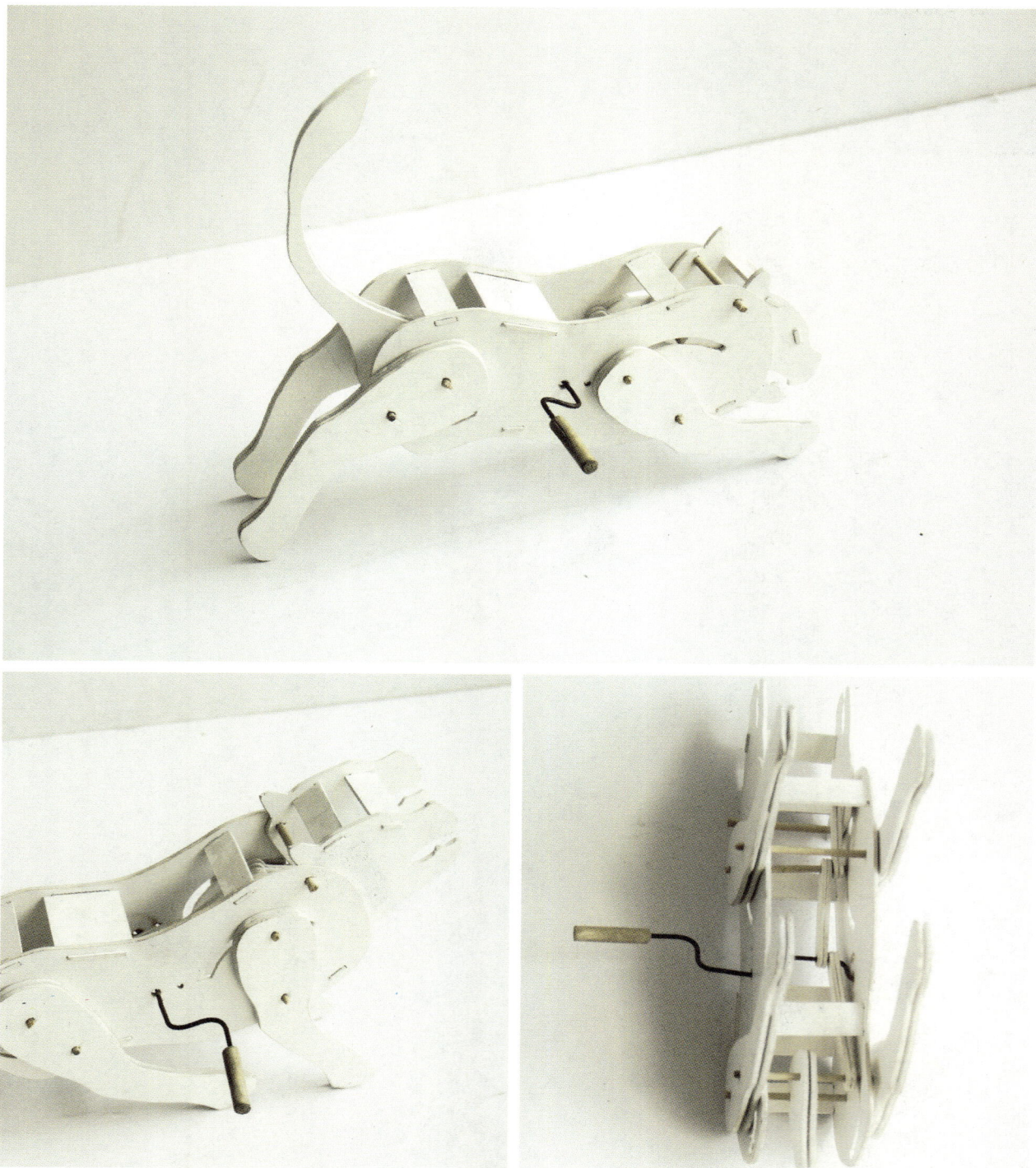

图 3.35

传动结构：曲轴传动、杆传动（偏心轮传动、杆传动）。

运动效果：推动蚂蚁玩具，前轮外部偏心轮带动特异杆使蚂蚁后腿运动，后轮曲轴带动连杆推动蚂蚁头部伸缩运动，蚂蚁触须颤动（为非传动动态），符合课题要求。

整体效果：玩具题材有趣，运动效果明显，传动顺畅。一方面蚂蚁头部自重较重，另一方面蚂蚁头部连杆固定不够稳定，导致蚂蚁头部运动稍显不够稳定，但整体造型效果良好（见图3.36）。

制作完成度：优。

图 3.36

传动结构：曲轴传动、杆传动。

运动效果：推动机器人，曲轴带动连杆推动机器人前臂交替上下摆动，特异杆带动机器人头部左右转动（步幅不大），符合课题要求。

整体效果：玩具题材选择是按照现有玩具题材，运动效果有趣，前臂传动顺畅，头部转动不够顺畅，前后轮之间皮带的作用仅在于使前臂的摆动与头部的转动同步，更多是装饰效果，造型效果完全按照现有玩具制作（见图 3.37）。

制作完成度：优。

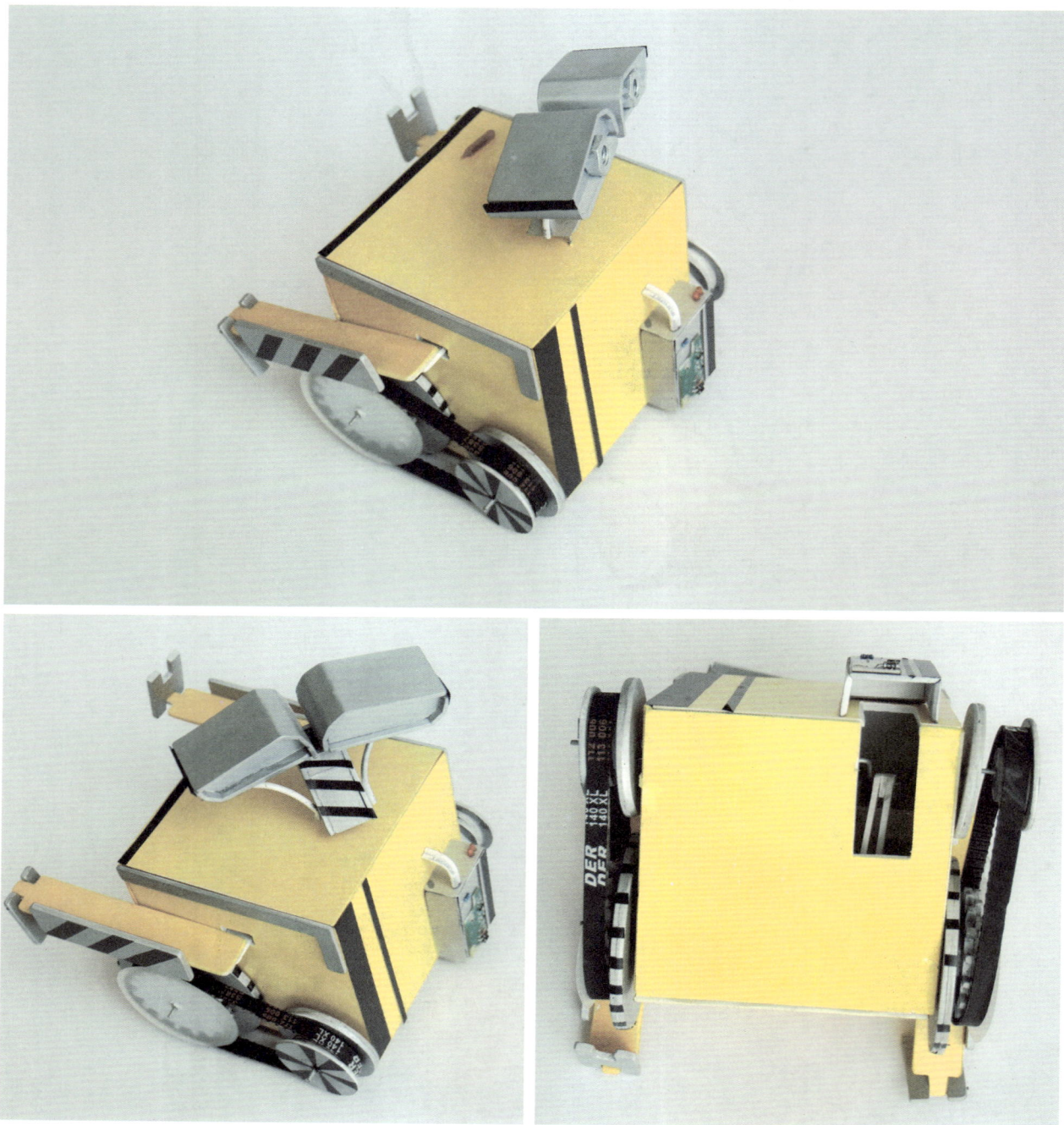

图 3.37

学生通过3.3节两周的构思、试验和制作，将最初仅仅是简单的一个个有趣的玩具构想，通过自己不断努力的试验和制作，最终实现成完整的玩具样机。在这个过程中，学生深刻地体会了动力、传动、功能、审美之间的关系，理解了造型与机构之间的关系，并学会运用传动机构来解决实际的问题，来进行动态造型。

经过3.3节的训练，大部分学生的玩具都能够达到课题的要求，但也有少部分学生的玩具没有达到课题要求的两种或两种以上运动形式的要求，或者玩具的传动不顺畅、不稳定。这是由于这部分同学在以往的学习生活中对于机构关注较少，所以在设计制作过程中对于处理复杂机构的能力不足，这有待于在以后的学习中进一步提高（见图3.38）。

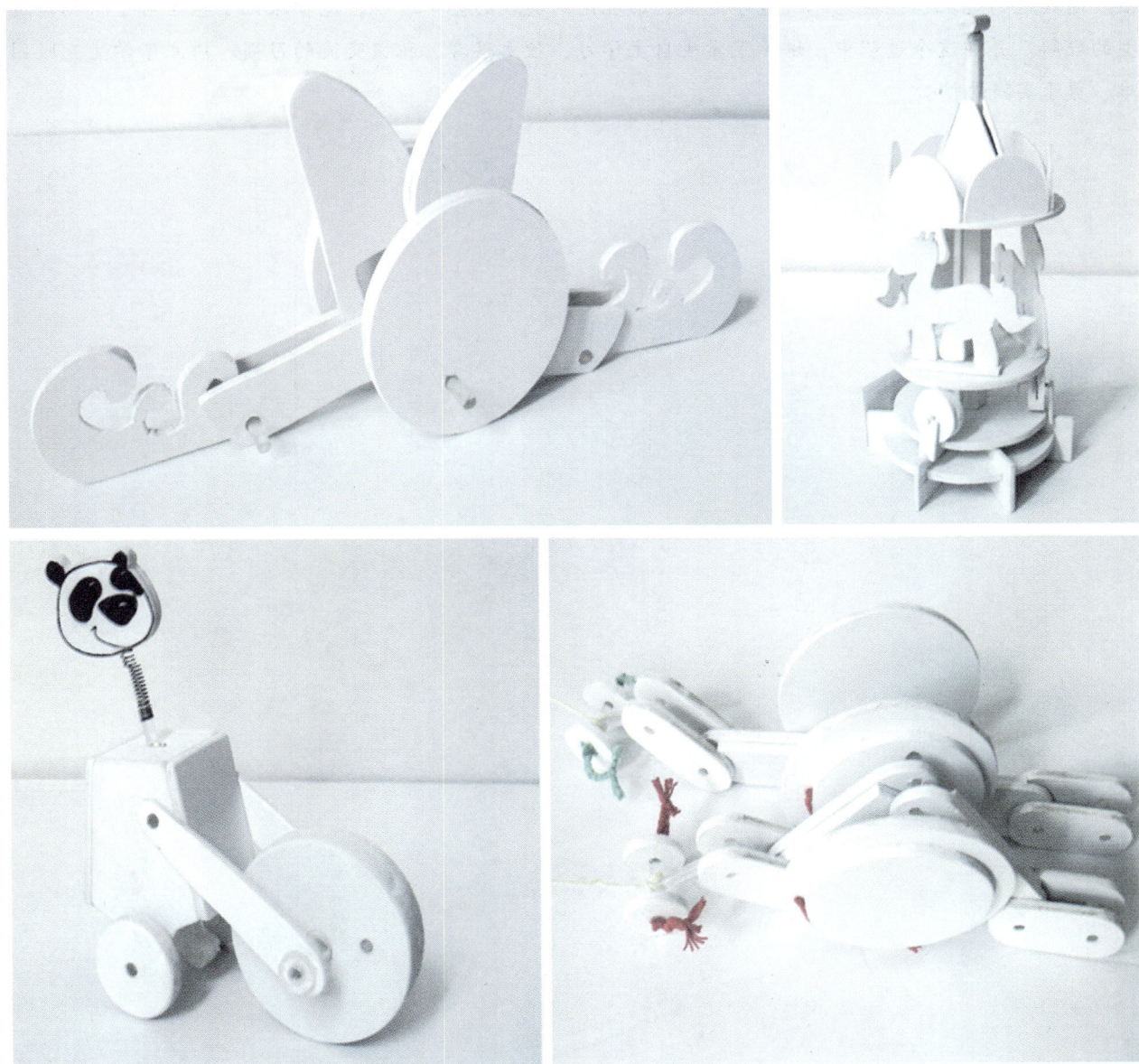

图 3.38

本章小结

3.2 节与 3.3 节是连贯的两个课题。3.2 节着重解决学生对于机械传动认识上和交流表达上的问题。通过讲授、参观、拆解等手段，强化学生对于机械传动的认识和对动力、传动、功能、审美关系的理解；通过设计报告和机械制图训练学生与相关人员交流表达的能力；3.3 节着重解决的是学生运用机械传动机构解决问题的能力。

通过 3.2 节和 3.3 节的训练，在轻松的氛围中，逐渐引导学生克服对于陌生的机械传动原理的恐惧。通过边拆边玩、边看边想、边学边做，由理论到实践的整个过程，逐步深化了学生对于机构与造型的理解。并在这个过程中，培养了学生自主学习、独立思考、积极交流的习惯，树立了学生克服困难、勇于实践的信心。

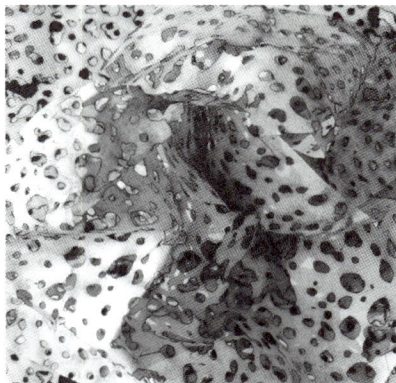

第4章 | 材料与造型

本章内容

通过收集、发现、组织、构成等过程认识日常生活中的各种自然材料和人造材料。多角度研究材料的特性，尝试用多种方式使材料呈现出本质的、全新的、独特的抽象造型和视觉感受。

本章重点

课程重要的不是制作，而是收集和发现。通过这个过程，可以扩大学生的活动和社交范围，培养学生观察生活的能力和积极感受生活的态度。组织和构成材料的过程能够提高学生对造型的认识，培养审美能力和选择辨别能力。

4.1　材料与造型的关系

　　我们生活的世界是由众多的人造物和自然物共同构成的，当我们看到丰富多彩的物质世界时，却往往容易忽略构成物质的具体材料。如果离开了材料，物质也就失去了存在的载体和可能，材料是物质存在的基本保证和前提，研究造型的过程也离不开对材料属性的掌握和理解。

　　每一种材料都具有不同的属性特性，即材性，它是指材料本身具有的物理属性、化学属性以及材料在各种构成方式下带给人的心理感受，充分掌握不同材料的材性是正确运用材料进行造型和设计的基础。同时，我们能见到的材料也都具有不同的形态特征，我们把材料的这种可视形态称之为材形，不同功能的造型对材料材形的要求也有所不同。总的来说，每一种材料的材性和材形都是丰富多样的，但材性是材料本身固有的特征，很难改变，一旦改变，材料也就改变了，比如木材经过燃烧后的碳化；而材形是材料的外显化视觉特征，可以根据加工、运输和存储的需要随时进行改变，比如很多材料都有线材、面材和块材等三种基本的材形。

　　对材料的学习和认识过程不可能要我们记住每一种材料的具体特性和相关分类，关键是通过收集、发现、实验和感受的研究过程理解材料的材性、材形和造型之间相互制约的紧密关系。其中，最重要的原则就是"因材造型，顺材致用"。充分发掘出隐藏在材料材形表象下的材性，在造型表达过程中进行合理、恰当的选择和对应，使附着于造型的材料呈现出其应该有的方式和姿态。发现性、选择性、对应性、实验性是材料研究课题中特别要训练学生应具备的基本素质和意识（见图4.1）。

图4.1（一）

图 4.1（二）

4.2 材料收集与发现

4.2.1 课题背景

关于材料知识，设计专业的学生必须有所了解和掌握。如何进行这方面的训练，主要基于以下三方面考虑。

（1）学会发现，认识本质（研究内容）。我们生活的环境中充斥着不计其数的材料，它们每天不断地刺激我们的感官系统，但这些感受更多的是基于材料所依附的事物来建立，它与事物的形状、大小、所处的位置等直接相关（比如我们往往认为乒乓球有弹性，而非球壳这种材料）。接触事物的过程更多时候会误导或干扰我们对材料的真实感受。所以将材料从事物上剥离，进行单独的分析、研究，才能更准确地感受材料。

（2）亲自实验，增加感受（研究方法）。仅仅从理论上对材料的分类和属性进行陈述性讲解始终无法让学生真实感受到材料本身的特性（就好比无论用何语言描述糖的甜度都无法让没吃过糖的人感受到糖的味道）。想知道每一种材质软到什么程度，硬到什么程度，弹性到底有多大，韧性到底有多强，一定要亲自动手触摸，亲自实验感受，这种研究和体验的经历才能够成为学生将来从事设计活动的宝贵经验。

（3）选择判断，独立塑造（研究结果）。学生任何能力的培养都是通过做事来完成，对材料的认识不能仅仅停留在找到材料的层面，更重要的是发现材料的某种特性并通过一定的构成方式将其强化出来，这个过程能训练学生独立的判断能力、选择能力、造型能力和审美意识，也能让学生有更多机会接触社会，敢于并有能力面对陌生的环境（见图 4.2）。

1. 课题内容

通过收集、发现、研究、构成等过程处理日常生活中能接触到的普通材料，尝试用合理的构成方式使材料呈现出全新的视觉感受，来展现材料与感觉相关的独特属性。

材料收集：100 种以上（自然材料不少于 30 种），时间 1 周。

作品呈现：150mm×150mm，9 件（注重作品的细节、美感和完成度），时间 1 周。

2. 课题目的

本课题重要的目的不是制作，而是在于收集和发现，通过这两个过程可以潜移默化地培养学生多种能力。材料收集的过程可以培养学生用自己的视角去观察事物和发现问题的能力，材料的选择、比较和构成过程可以培养学生善于辨别的能力，提升个人的造型能力和审美意识。同时，课题的进程也能够让学生逐步扩大自己的社交范围和活动空间，积极地感受生活，切实达到提升行动能力的目的。

图 4.2

3. 课题重点

尽可能广泛地收集各种普通材料（自然物、人造物等），通过分析、发现材料的物理结构和力学属性，重点研究材料与感觉相关的多种物理特性（柔软的、坚硬的、有弹性的、有收缩性的、可延展的、有韧性的、有张力的、致密的、疏松的、有透过性的等），通过打散、重构等造型方式来强化和拓展这些特性可能带来的视觉和触觉感受，以及蕴含在其中的共同审美体验。

4. 课题提示

材料收集的过程本身就是学生接触社会的过程，为了尽可能多地收集材料，学生需要想尽办法扩大自己的活动和社交范围（如去材料市场、垃圾回收站、工厂企业等）。进入到许多陌生的领域，与许多陌生的面孔打交道，这些过程和活动可以培养学生与人交流的能力，锻炼自身的社会意识，提高独立完成事情的能力。

材料发现的过程也是培养学生提高自身的观察能力的过程。这里指的观察不仅仅是简单意义上的看一看，其中必然伴随着寻找、触摸、实验等综合的感受过程。要求学生能够以视觉为出发点，通过多种视角和方式看待生活中司空见惯的事物，发掘最普通材料中蕴含的全新特性和审美价值。这种对材料特性的熟悉、学习、掌握过程将转化为学生的一种生活经验，反映在以后的设计工作中。

学生收集发现的材料要通过最后的作品呈现出来，这个过程也是学生提升自身选择和判断能力的重要阶段。选取哪种材料，选取材料的那个部分，以何种构成方式呈现能够强化要表达材料的特性，都是学生要独立思考的问题。而且做工、细节、美感等因素也直接影响作品带给人的最终感受。在这个课题中，学生应该具有的这种工作态度也是其今后从事一切设计工作的基础。

4.2.2 课题设置

1. 材料收集、材料发现（12 学时左右，分值：40 分）

（1）具体内容。

让学生从日常生活中收集 100 种以上的材料，其中自然材料不能少于 30 种。在收集的过程中注意从感受的层面进行选择和辨别，同种类型的不同材料（比如粮食类、纸张类、金属类等）尽量选择差异性较大的收集，且不能超过 5 种。

（2）要求。

学生在材料收集过程中要尽量扩大自己的社交和活动范围，收集的过程不仅是与材料打交道，也是与不同的人和环境打交道的过程，更多进入平日生活中很少有机会接触的领域进行探索。材料本身没有高低贵贱之分，注意观察的视角和选取的原因。

（3）作业形式。

将收集到的材料进行简单分类整理，拍照。通过 5 张 A4 的版面（1 张版面包含 20 种材料）介绍选择该种材料的原因以及对材料的直观感受；撰写 1000 字左右的收集笔记来记录和描述整个过程的见闻和个人感受。

2. 材料分析、材料构成（12 学时左右，分值：60 分）

（1）具体内容。

从多种角度对收集来的材料属性进行深入的分析，重点研究材料带给人的感受是什么以及这种感受产生的原因。通过简单而合理的构成方式（如：排列、对比、拉伸、卷曲、弯折、疏密等）直接表现材料的特性，并使这种特性带给人的感受有所强化。

（2）要求。

学习和研究的过程要通过查阅相关资料，请教专业人士等手段了解现在已有的研究成果，也要通过自己的实验进行不断地探索，强化个人的感受。分析过程要客观地面对对象，切忌猜测，主观臆断。作品选择的构成方式要充分尊重材料本身的特性和要表现的感受，可以通过 3 次、4 次的草模与教师进行探讨。最终的展示作品做工精细，造型优美，构成方式合理，完成度高。

（3）作业形式。

将充分研究过的材料进行分类，最终精心挑选出 9 种不同的材料（类别不同，特征属性不同，带给人的感受不同），以合理的构成方式分别展示在 150mm × 150mm 大小的 9 块展示面上，对每种材料的名称、特性和要表达的感受给予简明、精要的文字说明。

4.2.3 课题展开（过程、方法、认识）

材料收集的开始，学生必然会先在他熟知的、可以掌控的环境（如宿舍、食堂、图书馆、实验室、体育场、超市等）进行搜寻，大家都抵触面对新环境，这是课堂教育、书本教育的必然结果。问题马上产生了，共同可找到的材料数量有限，相似度又越来越高，已经无法满足课题对材料数量和种类的要求，走出校园、走向社会是被迫且必然的选择，这也是课程主要目的之一（图4.3是学生在其熟悉的校园环境中进行材料收集的部分情景）。

图 4.3

刚进入自己不熟悉的环境（如材料市场、垃圾回收站、企业厂矿、五金商店等），未知、恐惧、难以交流是肯定存在的，慢慢克服心理压力之后，学生会敢于面对社会，勇于与人交流，善于发现问题，也可以真正用自己的眼睛去审视周围的事物。他们会惊奇地发现，他们并不了解平日貌似熟悉的物品和材料，这种被唤醒的好奇心将推动他们去探索未知（图4.4是学生在社会各种陌生环境中进行材料收集的部分情景）。

图 4.4

对材料的认识有阶段性的过程，刚开始学生往往注意那些本身具有某种明确质感的材料（比如：纸张、图钉、麻布、丝带、面条、钢丝球、吸管以及植物等），但这种直接拿来的过程对学生的观察能力的训练起不到任何作用（见图4.5）。光鲜的外表往往掩盖了材料更为本质的特性，当有外力作用的时候，材料真实的一面才会显现。这种二次在材料上的反应也应该重复作用在学生的思考过程中。

图 4.5

随着收集过程的进展，对新材料种类的渴求慢慢减弱，取而代之的是对熟悉材料质感的深入观察和探索，学生间的竞争也会从找到更多种材料的层面转变为从更独特视角观察同一种材质的层面，发现平凡中的伟大显得颇为重要。这对训练和提高学生的观察能力和审美能力作用明显（图4.6是学生从一些独特的视角和侧面观察的普通材料，这些独特的视觉感受给学生更大的启发和灵感）。

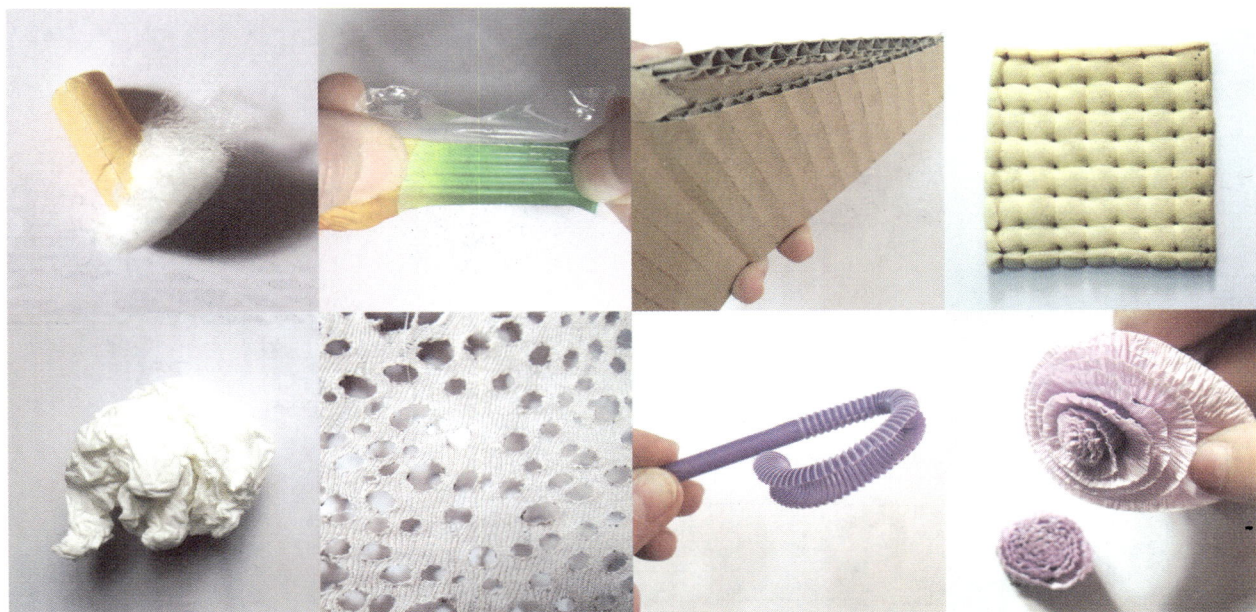

图 4.6

通过实验的方式对收集回来的材料进行深入研究是必要的手段，这个过程不但是加深学生感受的过程，同时也能够让学生从更客观的角度理解和表达。可以通过拉扯、弯曲、折叠、挤压、揉搓、铺展、扭曲等多种方式实验材料的强度、弹性、韧性、脆性等物理属性。对材料物理属性的极限探究和实验可以加深对材料的感受（图 4.7 是学生通过不同的物理方式探索材料感受、表现材料属性的过程）。

图 4.7

对材料构成方式的探索也是实验很重要的一部分内容，对具体采用方式的选择要顺应材料的属性，核心目的是表现材料带给人的感受，而绝不要形成利用材料的形状进行各种奇异的构成表演，那将是本末倒置。实验可以通过对比、平衡、集中、渐变、分散、重复等传统的造型方式来强化要表达的感受（图 4.8 是学生通过不同的构成方式探索材料感受、表现材料属性的过程）。

图 4.8

对材料的特性和构成方式的研究可以通过大量的实验和简易的草模来体会和感受。这个阶段不需要在制作精度和美感上下太多的功夫，尽量把主要精力放在对材料感觉和构成方式选择的探索上。同一种材料可能会带给人多种感受（比如：纸张脆弱的同时，也具有一定的韧性），需要进行选择表现哪种感受更容易让人感知，采用什么样的表现形式更直观、恰当。不同种材料也可能带给人类似的感觉（比如：棉花和布料都具有柔软的感觉，只是程度不同），需要进行实验和比较确定表现这种感觉用哪种材料更合适，表现得更充分。

图4.9是学生对收集回来的材料进行初步加工完成的一些草模，从中已经可以看出学生在尝试过程中的取舍和选择。为了使气球的弹性和张力表现得更强烈，给予了一定的外力约束；钢球的大小对比关系也能够使观察者的视点相对集中，更容易体会到其坚硬与反射的特性；麻绳中粗壮扭曲的几根有效地加强了对其韧性的诠释；团状造型的棉花柔软中带有一丝膨松和丰满，片状造型的纱布柔软中却略显飘逸和轻盈，这两者的对比让学生从更多层面上准确感受到柔软的丰富内涵。

气球（软弹性、张力）	玻璃（锋利、易碎）	布料（柔软、顺滑）
麻绳（粗燥、韧性）	固体胶（延展、绵软）	弹簧（硬弹性、回复性）
棉花（柔软、膨松）	钢球（坚硬、反射）	纱布（绵软、轻盈）

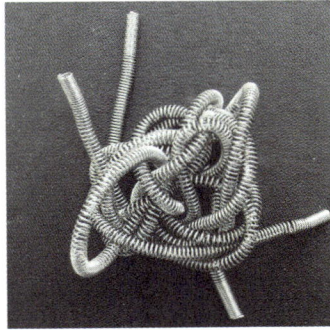

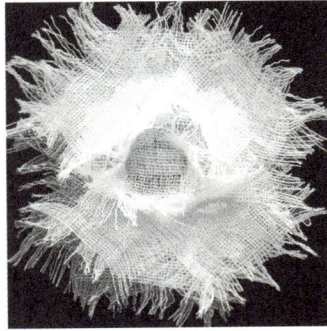

图 4.9

4.2.4　课题展示与评价

材料选择：铜线。

构成方式：剥离、堆积、交错。

展示目的：材料的感觉对比。

铜线包裹的铜丝被解放出来，恢复自由的状态。遗留的几段橡胶包衣与丝状的铜丝形成鲜明的对比关系，更加突出铜丝的纤细、柔弱、缠绕、疏密相间的感受（见图 4.10）。

提示：细铜丝较强的韧性也是重要属性。

图 4.10

材料选择：棉花、细铁丝。

构成方式：穿插、缠绕。

展示目的：材料的感觉对比。

铁丝与大小不一的棉花球穿插、交错，衬托出棉花的轻柔，这种点与线的对比也强化了铁丝的纤细。学生选用黑色的背景更加强了这种对比的感受（见图 4.11）。

提示：棉花的柔软感也是重要的属性。

图 4.11

材料选择：废旧瓦楞纸。

构成方式：撕扯、卷曲。

展示目的：材料的多层次。

这块瓦楞纸是学生从废弃的材料中发现并切割下来的，被随意撕扯和卷曲的形态展现了瓦楞纸多层面的表情。这种敏锐地发现和判断能力始终是课题训练的重点（见图 4.12）。

提示：瓦楞纸层间的结构关系需要深入研究。

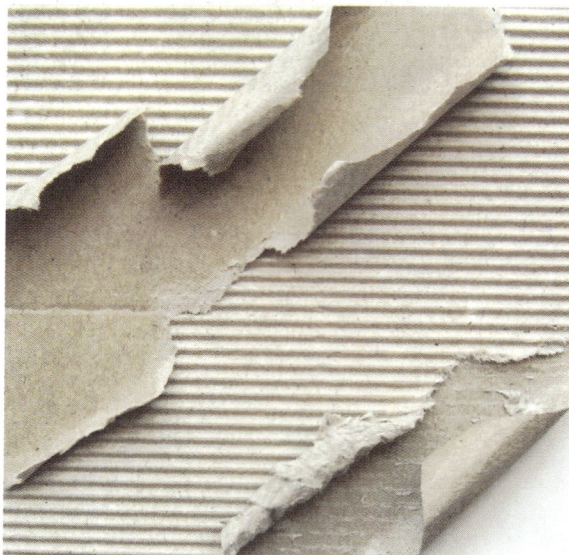

图 4.12

材料选择：废弃石膏板。

构成方式：皲裂、剥落。

展示目的：材料的多层次。

这块被击碎的石膏板是学生从即将拆除的墙壁上取下后又经过精心的选择和分割而得到。层次丰富的质感折射出材料的脆弱性，这种脆弱反映了结构的不稳定状态（见图4.13）。

提示：石膏板的分层结构关系要深入探究。

图 4.13

材料选择：废旧透明塑料袋（局部）。

构成方式：揉搓、铺展。

展示目的：材料的随机状态。

透明的塑料袋随处可见，普通的让人们无法注意，学生以独到的眼光发现了塑料袋经过揉搓后表面形成的令我们熟悉而新鲜的质感和印记，非常难得（见图4.14）。

提示：可再对此材料的其他质感进行探索。

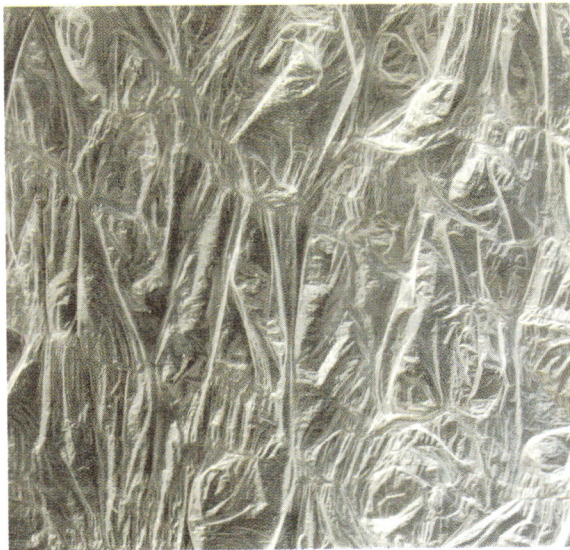

图 4.14

材料选择：白色纸张。

构成方式：裁切、卷曲。

展示目的：材料的随机状态。

纸张是生活中最常见的材料之一，学生思考过程中不经意的卷纸动作激发灵感，利用纸张卷曲后的适度回复力和弹性形成一组丰富合理的造型，简单明确（见图4.15）。

提示：加大卷曲与回复的强度和差异性。

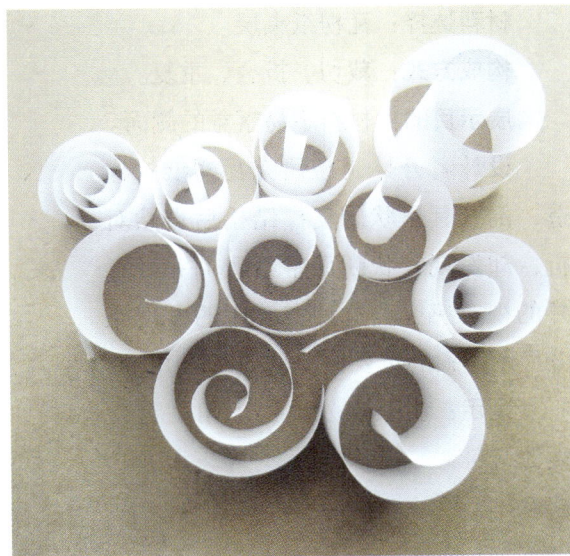

图 4.15

材料选择：橡皮筋、木棍。

构成方式：拉伸、支撑。

展示目的：材料中的力。

众所周知，橡皮筋拥有良好的弹性，为了更充分展示这种特性，学生借助木棍进行辅助支撑，使不同张力下皮筋的姿态得到充分对比，立体而富有动感（见图4.16）。

提示：造型的整体美感需加强，缺乏层次。

图 4.16

材料选择：细竹条。

构成方式：弯折、拱起、渐变。

展示目的：材料中的力。

与皮筋的软弹性不同，细竹条是刚中带柔的硬弹性。学生选取长短渐变的竹条，通过逐渐加强的弯折曲度充分展现了竹子硬度背后的良好韧性，简洁明了（见图4.17）。

提示：竹条的固定方式需重新设计，做工要更精致。

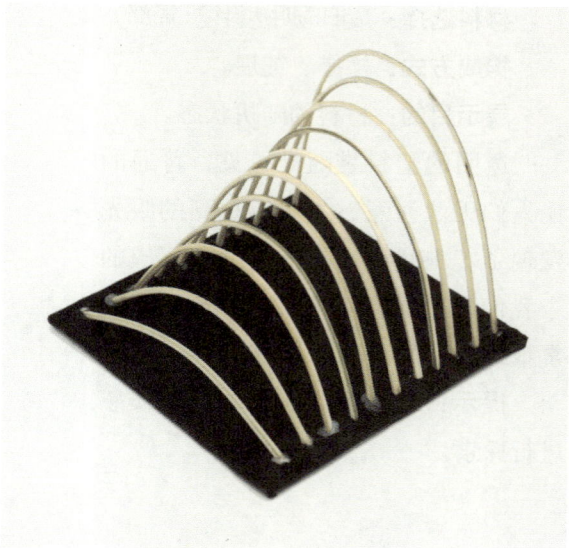

图 4.17

材料选择：瓦楞纸夹层。

构成方式：裁切、折叠、重复。

展示目的：材料不易察觉的侧面。

设计者开始是想研究瓦楞纸的构造，剖开其管状的支撑结构后自然对折，却发现管状断面带给我们一种意外的视觉感受，这种实验中的发现充分显示探索的重要性（见图4.18）。

提示：受其启发，换个角度看待其他材料。

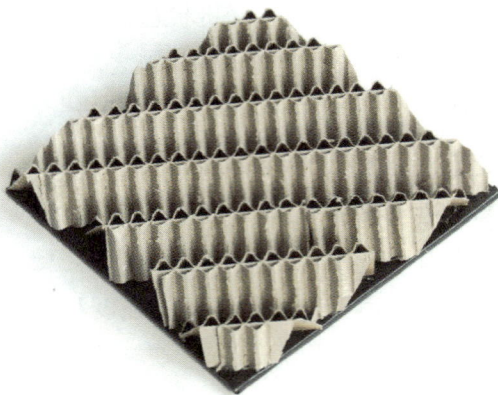

图 4.18

材料选择： 白色塑料吸管。

构成方式： 裁切、粘贴、重复。

展示目的： 材料不易察觉的侧面。

学生受上个作品的启发对白色的吸管进行斜向剖切，并通过累加的方式集中展示剖切后的断面，让人充分感受到尖锐的同时，也创造了层次丰富的全新质感（见图 4.19）。

提示： 尝试不同剖切方式带来的不同感受。

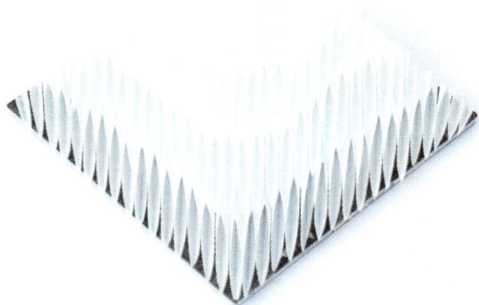

图 4.19

材料选择： 细竹牙签。

构成方式： 弯折、随机构成。

展示目的： 相同材料的不同感受。

牙签的尖锐是直接的、外露的并伴随着一定的脆弱性。如何表达好这种感受，对学生来说是个考验。将折而未断的牙签精心构成各向异性的整体，表达生动而有力。

提示： 可以思考一下这种材料的其他属性（见图 4.20）。

图 4.20

材料选择： 细竹牙签。

构成方式： 方向性聚合。

展示目的： 相同材料的不同感受。

学生还是利用牙签这种材料试图表现与上个作品相反的感受。通过紧密的堆叠黏合，牙签头形成方向感较强且具有一定密度和力量的全新视觉和触觉感受，冲击力强。

提示： 思考一下牙签的特性是否充分发挥（见图 4.21）。

图 4.21

　　大多数学生能够理解课题的目的并进行有效传达，但仍有一些作品存在问题，在材料组织、构成方式选择和感受表现上无法达到统一，其中折射出的应该是学生的认识问题，而非态度问题。

　　图 4.22 和图 4.23 的两件作品给我们造成一些困惑。第一件作品费了很大努力用几乎等长的蓝色吸管搭接成一个复杂纷乱的立体构成，第二件作品将卷成圆筒的便笺纸进行平行堆积，但这两个造型似乎与吸管和便笺纸的任何属性都不相关，我们甚至可以用别的材料做出类似的造型。形式是为了展示材料的某种感觉属性而存在，不是为了形式而形式。

图 4.22

图 4.23

　　图 4.24 和图 4.25 的两件作品也存在一定的问题。第一件作品中对虾片的堆积与第二件作品中对树皮的叠放在作业要求的尺度上没有毛病，但所选用材料的属性无法从其选择用的造型构成中准确地得到体现，整齐的拼贴和堆积形式并不能有效传达内容。

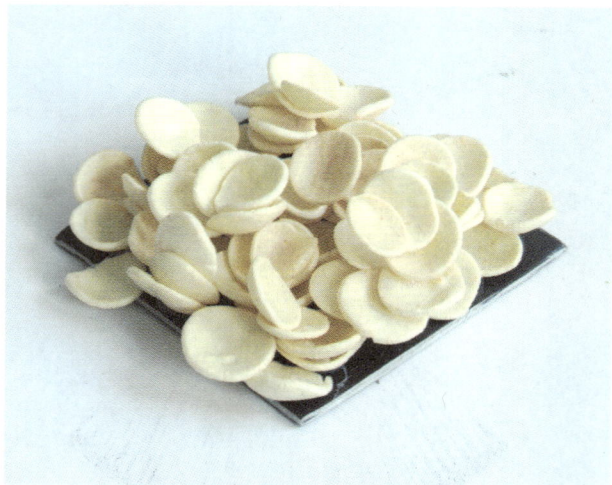

图 4.24

图 4.25

　　上述 4 件作品能够清晰的折射出学生在理解中还存在一定问题。我们应该清醒地意识到，教师的作用不仅是布置和监督，更重要的是能够在教学过程的关键点能够给予学生有效的指导和准确的启迪，可以帮助学生不断修正看问题的角度和方向。

4.3 材料表现与体验

4.3.1 课题背景

上一部分的材料研究主要强调从物理作用角度去发现材料的特性与造型的关系，本部分侧重探索材料在化学反应后呈现的意外状态和造型规律，课题主要基于两方面考虑。

（1）材料的物理属性仅仅是其外在的表象，它传达出的信息与我们预先掌握的略有偏差，但不甚明显，可以很容易通过简单的实验进行修正并掌握。材料的化学属性大部分是我们经验中无法准确预知或根本没有的，偶然产生的特殊效果不一定会再次出现，需要经过反复不断的实验使这种偶然变为一种必然的结果，这个过程需要很高的控制能力和耐心，这是课题的关键所在。

（2）这两个材料的课题应该有一个共同的价值取向，无论是从何种角度，进行什么实验反应，都要顺应材料本身的属性，选择合理的造型语言表达材料带给我们的不同感受，目的都是帮助学生逐步建立起从感性认识到理性认知的学习方法和理解事物的方式（见图 4.26）。

1. 课题内容

通过燃烧、腐蚀、固化、溶解等化学反应的方式处理日常生活中的普通材料，使其呈现无法预知的肌理效果，并用合理的构成方式将其组织起来形成全新的视觉体验。

材料反应：选择 20 种以上材料，每种材料实验 5 种以上反应方式，时间 1 周。

作品呈现：150mm×150mm，9 件（注重作品的细节、美感和完成度），时间 1 周。

2. 课题目的

本次课题的目的不再是收集和发现，而在于有意识的探索，通过这个过程可以培养学生多种能力。材料发生反应的实验过程可以进一步提高学生的辨别能力和有目的的选择意识，材料的类化和构成过程可以培养学生对复杂因素的综合造型和控制能力。同时，课题中不断失败的经历也能让学生很好地磨炼自己做事的韧性和抗挫折的能力，最终提升其切实达到目的的行动能力。

3. 课题重点

尽可能进行能够改变材料表层形态的多种实验反应，通过观察反应过程和反应后材料的性状变化发现随机产生的特殊效果，重点关注材料与感觉相关的变化。课题重要的是如何通过实验、抽象、归纳等方法从这种偶发的、不确定的、不稳定的过程中寻求确定的、规律性的因素，使其变为一种可控的、必然的效果，从而提高学生对作品的整体把握能力和综合控制能力。

4. 课题提示

材料表现课题与材料收集课题不同，其侧重于对材料未知属性的发掘，学生面对的不仅仅是陌生的环境，而是许多未知领域的相关知识。为了有效、准确的进行实验反应，需要到图书馆和网络上查阅相关的资料，必要时还要请教相关领域的专业教师。这些学习过程不但能够培养学生如何学习，也能够让学生较早地意识到设计工作本身就是一种资源的系统整合活动，提升对专业的认识。

材料的反应实验对学生的观察和选择能力提出了更高的要求。这个过程已经不仅仅是材料收集课题中的静态判断，需要学生在不断变化的材质面前快速、精准的做出判断。因为实验反应的过程一直是对未知的探索，始终无法预知材料在下个瞬间会发生什么变化，同样的效果是否可以再次出现以及如何出现等问题。这种果断的抉择能力是以后从事一切工作的基础。

图 4.26

　　课题最后阶段还是要将研究成果以视觉的状态呈现出来，但目标应该是创造一种全新感受的材料肌理，而不是解释现有材料的既定感觉。相对于上个课题，学生对作品中体现的完整性、统一性和审美性应该有更高的追求，这就要求学生有良好的心态，能以更大的耐心不厌其烦的在反复的实验中寻求那些少量的、有效的、更富有表现力的瞬间和素材。同时从选材、做工、细节等每一个环节提高对作品的要求。

4.3.2 课题设置

1. 材料实验、材料探索（12 学时左右，分值：40 分）

（1）具体内容。

从上次课题收集的材料中选择 20 种不同类型的材料，分别进行燃烧、融化、腐蚀、溶解、凝固等 5 种以上实验反应，改变材料原有的表层特性和状态。仔细观察试验反应过程中材料的细微变化，捕捉那些能够打动你的变化状态，用多种方式进行记录。

（2）要求。

学生在实验过程中应该抱有一种未知的心态，认真观察、分析反应中的每一种变化。实验方式的选择要考虑材料的基础材性，顺应其特性进行研究，消除求新求变的心态，以寻求合理的美感和构成方式为目的，发觉材料表层特性中隐藏的不被我们熟知的其他特征。

（3）作业形式。

对实验过程进行分类整理，通过照片和草模的方式记录感兴趣的效果瞬间，进行两类对比。第一类是选定 10 种材料，对比其反应前后的不同状态；第二类是选定 1 种材料，对比其经过 5 种以上不同反应后的状态，两类对比均展示在 A4 大小的版面上，要求包含一定实验过程中的个人感受和体会。

2. 材料分析、材料展示（12 学时左右，分值：60 分）

（1）具体内容。

分析实验过程中发现并确定的材料的某种新特性，考虑其带给人的感受以及如何更好地展现这种感受。结合辅助材料综合考虑有效的构成方式（如：群化、同构、渐变、对比、疏密等），力求创造一种全新的视觉和情感体验。

（2）要求。

分析、展示过程要客观地面对对象，切忌猜测，主观臆断。材料的展示的构成方式要充分尊重材料本身的特性和要表现的感受，可以通过 3 ~ 4 次的草模与教师进行探讨。最终的展示作品做工精细、造型优美、构成方式合理、完成度高。

（3）作业形式。

通过草模确定最终筛选出的材料的构成方式。精心挑选出 9 种不同反应类型的材料，最终将其分别展示在 150mm×150mm 大小的 9 块展示面上，同时对每种材料的名称、特性和要表达的感受给予简明、精要的文字说明。

4.3.3 课题展开（过程、方法、认识）

与 4.2 的材料课题不同，学生面对现成的材料很难通过直观感受掌握其发生反应的规律，有的仅仅是传统生活经验中的模糊印记，木材和纸张容易燃烧，蜡烛加热溶化后可快速冷却凝固等。必须要通过查阅相关的书籍资料、请教化学领域的专业人士来进一步了解相关知识。哪种材料更适合采用哪种反应方式，反映过程持续的时间，是否具有丰富的变化等（图 4.27 是学生筛选出来准备用做实验的材料）。

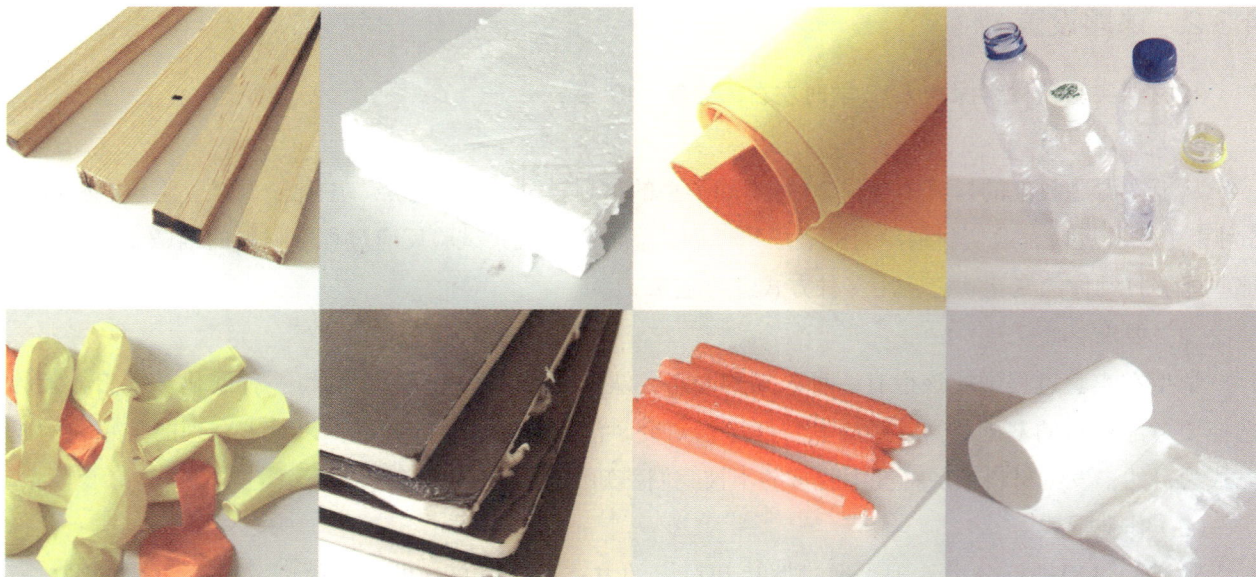

图 4.27

　　要准确了解材料属性的变化过程还是要通过不断的实验，不必对探索的过程和结果有过高的、确定性的要求。可能材料反应后的状态不如反应前的状态理想，可能材料反应过程中的某个瞬间引发你的思考和注意，但这些可以让学生有一种心态，习惯未知，习惯探索。这种心态对设计师是重要的（图 4.28 是各种材料在反应前后的状态对比，有理想的，也有不令人满意的）。

图 4.28

　　要特别注意观察、分析材料在实验进程中的变化，发现精彩瞬间并不是唯一的重点，关键在于如何能够准确地控制需要达到的效果。反复实验的目的是不断寻找其中的规律，从多角度提升实验的准确性。比如：材料燃烧时的时间、强度、位置以及介质的选择，材料混合过程的先后顺序、比例关系以及面积大小的控制，材料凝固时的形状、密度、厚度的把握等（图 4.29 是学生通过不同的实验来逐步掌握材料反应中的规律）。

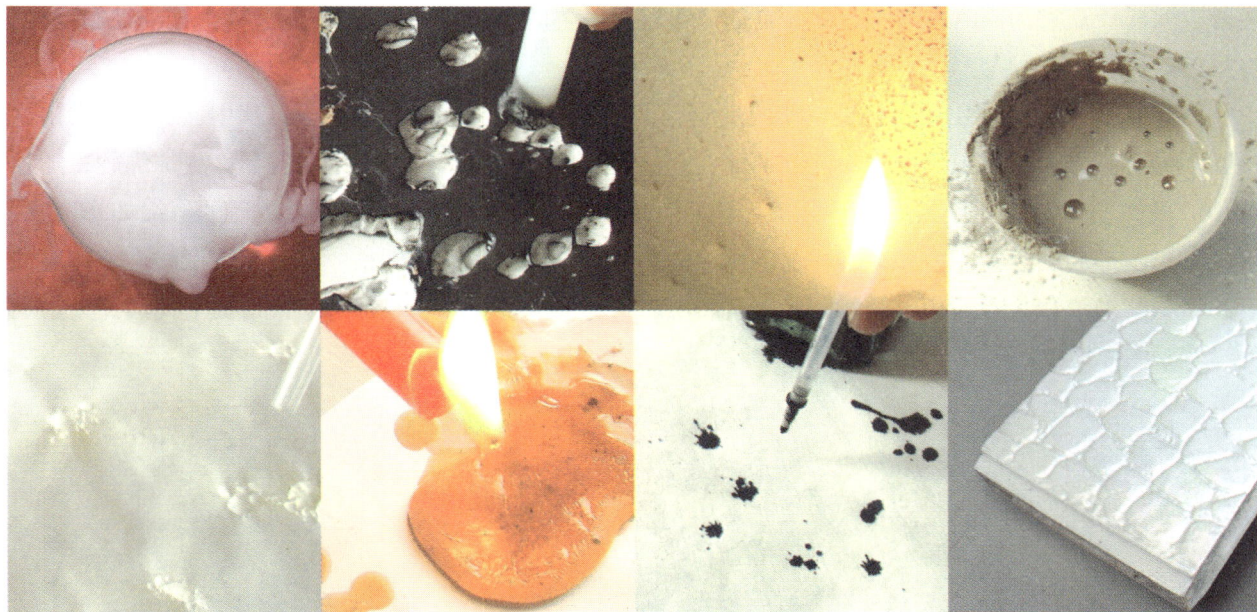

图 4.29

　　材料反应后会得到相当丰富的多种形态，构成方式必然有更大的发挥空间。但也要时刻提醒自己表达的主题是什么，表达的感受是什么，这样才能做到合理选用，适度表达（图 4.30 是学生针对材料反应后的不同形态来尝试各种构成方式，有的材料反应后本身形态就是很好的表现方式，有的材料需要通过对比、重复、编织、集中等方式强化效果）。

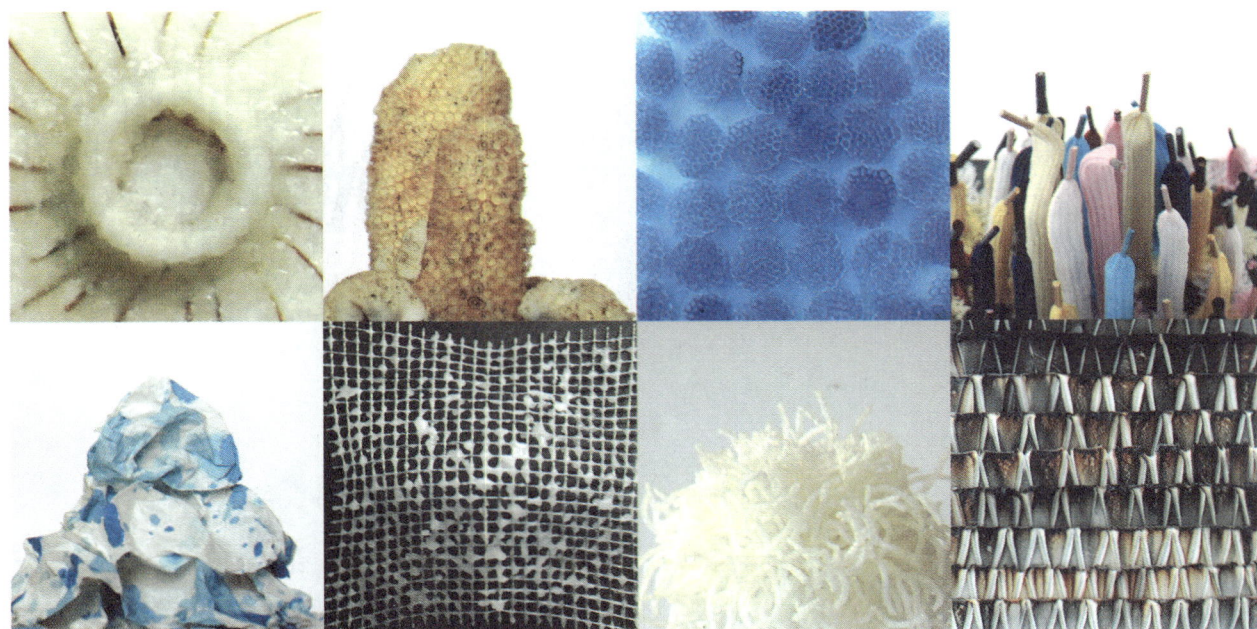

图 4.30

　　材料的实验过程要敢于尝试，大胆突破，这个阶段不需要对作品的最终呈现状态做提前考虑，尽量把研究重点放在对材料可能产生的新状态和新感受的探索上。同一种材料经过不同的反应过程呈现不同的状态，而且即使是相同的反应过程，随着反应的方式和程度不同，阶段性的变化也会产生较大差异。实验、观察的同时，需要琢磨的是如何将这些需要的形态元素保留或再现，这需要对实验过程有很好的控制能力。

　　图 4.31 是学生对选用的材料进行实验反应后，又简单加工完成的一些草模，从中已经可以看出材料在不同反应方式下呈现的全新而丰富的面貌。一定厚度的卫生纸经过水的浸湿后，更加绵软；随意泼洒的墨汁让我们体会到液体在纸张上毛细血管般细微的渗透力；经过点状烧烫后的海绵如蜂窝状，展现材料变形后的全新的松脆感；燃烧碳化后的黑色火柴杆越发显得干枯；经过高浓度酸性液体腐蚀后的聚氨酯泡沫让我看到材料中隐藏的丰富断层。材料的这些特殊状态都是正常情况下无法让人察觉的，实验的探索越发具有价值。

卫生纸（浸湿软化）

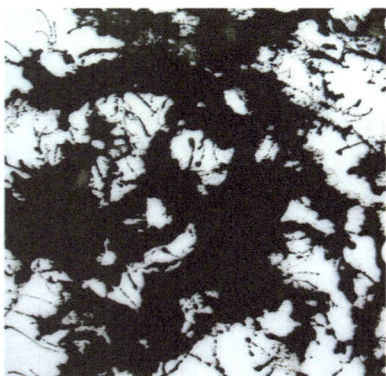

墨汁（泼洒、浸润）

塑料管（烘烤卷曲变形）

蜡烛（融化、流淌）

海绵（点状烫烧）

火柴棍（燃烧、碳化）

海绵（裁切、染色）

纸张（湿润碎化成浆）

聚氨酯（高浓度溶液腐蚀）

图 4.31

4.3.4 课题展示与评价

材料选择： 硫酸纸。

构成方式： 卷曲、错落排列。

展示目的： 同类材料，反应方式和构成方式不同，视觉感受不同。

硫酸纸表面经过点状烧烫后留下大小近似、形状各异、边缘呈深褐色的镂空，强化了硫酸纸带给人的半透明感觉，卷曲的圆桶构成方式使整体造型更具通透感（见图4.32）。

提示： 防止局部过渡烧烫形成黑糊状区域。

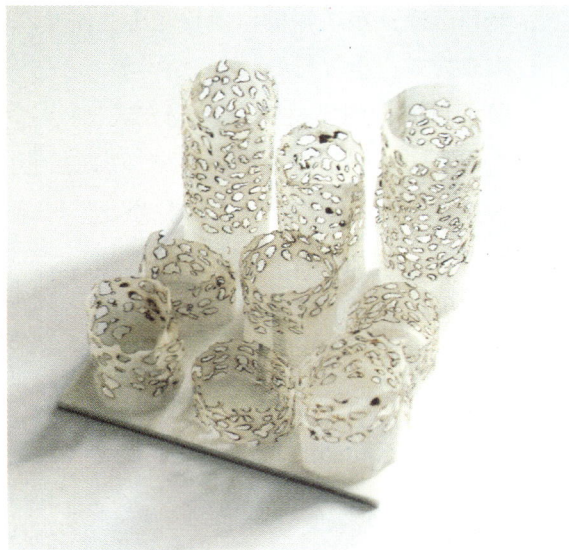

图 4.32

材料选择： 硫酸纸。

构成方式： 中心扩散。

展示目的： 同类材料，反应方式和构成方式不同，视觉感受不同。

对层层堆积的硫酸纸进行适度的燃烧和熏烫，控制燃烧强度从中心逐步向周围扩散。层次丰富的渐变效果强化了硫酸纸的薄、透、轻、脆的多种感受（见图4.33）。

提示： 层与层的间距适度扩大，质感更强。

图 4.33

材料选择： 白色褶皱纸。

构成方式： 螺旋扩散。

展示目的： 同类材料，反应方式和构成方式不同，视觉感受不同。

对白色褶皱纸的表面进行轻微熏烤，凸起部分反应后呈现出斑驳的深褐色，加强纸的褶皱感和粗糙感。螺旋形构成方式起到叠加的作用（见图4.34）。

提示： 纵向上增加变化，效果会更突出。

图 4.34

材料选择： 蜡（辅助白色粉笔）。

构成方式： 重复排列。

展示目的： 同类材料和反应方式，构成方式不同，视觉感受不同。

在整齐排列的粉笔上滴落大量融化后的蜡滴、自然流淌后形成丰富的视觉感受。这种被凝固的流动和堆积状态很好地从视觉层面展现了蜡的滑润和光亮的特性（见图 4.35）。

提示： 注意局部细节处理，提高做工精度。

图 4.35

材料选择： 蜡（辅助经烧烫过的白纸）。

构成方式： 对比、交错。

展示目的： 同类材料和反应方式，构成方式不同，视觉感受不同。

轻微烧烫白纸形成镂空，在其间隙滴落少量蜡滴形成半透明薄片。两种质感相互交融形成对比，衬托出蜡的光感和透过性（见图 4.36）。

提示： 两者的密度和面积关系需深入研究。

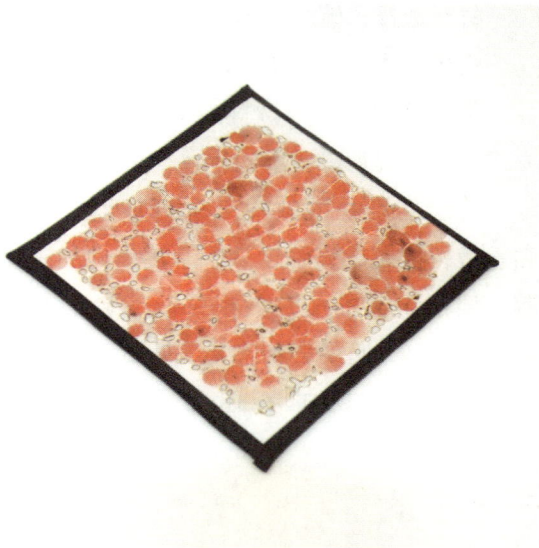

图 4.36

材料选择： 蜡（辅助白色卫生纸）。

构成方式： 渗透、反衬。

展示目的： 同类材料和反应方式，构成方式不同，视觉感受不同。

绵软的白色卫生纸具有一定透过性，将熔化的蜡滴落其表面，形成边缘清晰的印迹，创造全新视觉效果的同时，也让人意识到蜡的扩散力和渗透力较弱的特性（见图 4.37）。

提示： 构成效果略显凌乱，缺乏一定美感。

图 4.37

材料选择：具有厚度的黄色塑料膜。

构成方式：揉搓、褶皱、固化定型。

展示目的：同类材料，不同构成方式展现特征细微差异。

通过强力胶将经过揉搓、褶皱后的塑料膜固化定型。可以看出，塑料膜虽然发生了多方向的形变，但厚度使其拉伸能力始终局限在一定的范围内（见图 4.38）。

提示：变化再丰富些。

图 4.38

材料选择：透明塑料薄膜。

构成方式：拉伸、撑顶、固化定型。

展示目的：同类材料，不同构成方式展现特征细微差异。

用长短不同的胶棒支撑透明塑料薄膜表面固化定型后，产生形状各异的凸起，这种对比展现了塑料薄膜中蕴含的巨大的伸缩能力（见图 4.39）。

提示：拉伸支撑的高度对比可以再明显些。

图 4.39

材料选择：KT 板材。

构成方式：自然随机产生。

展示目的：反应结果直接形成构成方式。

通过烧烫的方式对平整的黑色 KT 板材表面进行处理，自然出现的凹凸、破损、裸露、收缩等状态组成一种统一、完整又富有变化的全新视觉效果（见图 4.40）。

提示：控制反应过程，保证作品整洁度。

图 4.40

材料选择： 白色泡沫。

构成方式： 自然随机产生。

展示目的： 反应结果直接形成构成方式。

对一整块立方体白色泡沫表面进行轻微的熏烤，形成数百个蜂窝状凹坑和孔洞，立体感较强，也在一定程度上展示了泡沫颗粒间的脆弱性（见图4.41）。

提示： 控制反应过程，保证作品完整性。

图 4.41

材料选择： 塑料管。

构成方式： 自然随机产生。

展示目的： 反应结果直接形成构成方式。

通过适度加热的方式软化原本笔直的塑料管材，使其局部扩张、收缩、卷曲、褶皱冷却后自然形成姿态各异、整体统一的视觉感受，也从侧面展现塑料管的特殊属性（见图4.42）。

提示： 固定方式等细节上还需再考虑。

图 4.42

材料选择： 黄色海绵。

构成方式： 自然随机产生。

展示目的： 反应结果直接形成构成方式。

对分割成不同形状的黄色海绵表面进行适度烘烤，使其表层及边缘纤维颗粒焦化，形成斑点状的特殊肌理效果，新颖的同时，也能凸显海绵表面纹理的特征（见图4.43）。

提示： 注意控制烘烤程度，过犹不及。

图 4.43

下面两件作品（见图4.44和图4.45）虽然在尺寸和完成度上符合课题的要求，但在一些关键的环节上存在较为明显的问题。可以看出，作者在如图4.44所示作品上一定费了不少工夫，经过较为复杂的反应过程和合成方式得到某种效果，但材料的造型、色彩和肌理含混不清，不但很难判断材料的类型，更难体会作者要传达何种感受。如图4.45所示作品意图明确，展现木材经过燃烧后呈现的状态，问题在于没有很好的控制燃烧的进程，有的部位过分碳化，有的地方没有触及，最终的展示效果从构成方式到审美感受都有欠缺。

图 4.44

图 4.45

本章小结

本章通过两个典型的课题让学生分别从物理属性和化学属性方面完成了从收集材料、发现材料、实验材料到构成材料的完整过程。这两个过程帮助学生了解相关知识，掌握学习方法，理解认知规律，培养多种综合能力。

教学中将有关材料的理论知识点作为学生课下自修的内容，以生活体验和真实感受为前提，引导学生通过各种类型的实验体会材料的多种特性，总结规律，实践应用。研究过程获得的知识量虽然不及机械记忆来的简单直接，但这个认知的过程对学生掌握有效的学习方法意义重大。

课题进行中应该反复地强化学生从直观感受、分析原因到总结规律的研究过程，这样可以帮助其逐步建立起从感性认识到理性认知的思维和实践模式，提高抽象思维能力，形成良好的思维习惯。

对材料、造型以及两者的关系研究都是载体，目标是培养学生多方面的能力。材料的收集和发现过程可以扩大学生的活动和社交范围，培养学生观察生活的能力和积极感受生活的态度；材料的筛选和组织过程可以培养学生独立的判断能力和辨别能力；材料的实验和构成过程可以培养学生综合造型能力和审美意识。这些研究经历和体验是学生将来从事一切设计活动的基础。

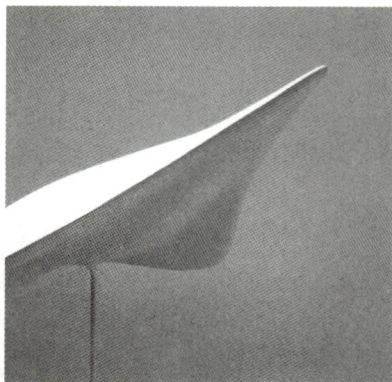

第5章 | 感觉与造型

本章内容

根据生活中的经验、感受以及对自然界动、植物的观察分析，从具象造型入手，模仿、归纳、提炼到最后可以通过抽象的立体造型表现某种特定的感受；同时能够对抽象造型所传达出的风格和语义有一定理解和认识。

本章重点

课程不仅要训练学生造型的感觉、立体的表现技术、加工手段以及创造力，更重要的是培养学生独立的观察能力、分析能力和将抽象的感觉以形态语言准确表达的能力。

5.1　感觉与造型的关系

　　感觉是人们接触和认知世界的最直接的手段和方式。面对我们周围数不清的各种自然物和人造物，我们首先从视觉、触觉、听觉、味觉、嗅觉等最直观的感受中接受着外界释放的信息和刺激。受到启发后，通过模仿和理性的思考，进行再创造，世界也因为人类的这种独特的行为方式和思维方式而变得更加丰富多彩。可以说，感觉是人类一切创造力的源泉，更是从事造型设计的重要基础。

　　虽然感觉有助于人类以最快、最直接的方式接触外部世界，获取相关信息，但这种信息往往是局部的、瞬间的、因人而异的，很难通过有效的手段进行记录和表述。例如，自然界中充满动感和张力的动植物姿态、各地富饶壮美的山川地貌以及人类创造的一个个建筑奇迹都会带给观者不同的视觉感受和心理感受，这些感受中有个性的因素也有共性的因素（见图 5.1）。共性的因素对我们来说更具有

图 5.1

意义，通过分析它，我们可以获得造型过程中决定视觉感受的外在因素（如形状、比例、节奏、平衡、体量、方向、曲度、动势等）和决定心理感受的内在因素（如目的、机能、原理等），这些因素和规律可以帮助我们更好地进行创造。当然，任何造型都必然带给人某种感觉，但感觉的准确传达更多要靠造型的精准塑造。

造型是影响感觉的重要因素之一，但绝不是唯一的因素，材质、色彩、结构等因素也至关重要。但训练和研究的过程不可能面面俱到，从单一因素出发更容易理解规律，掌握方法。训练的关键在于使学生通过客观的借鉴，理性的分析和反复不断的实验研究，逐步掌握一种有效的方法，能够快速地在抽象的感觉与确定的造型之间建立一种准确的对应关系，能够随时通过造型传递给大众一种必要的视觉感受和心理感受，这也是设计人员必要的专业素质和能力的重要表现。

5.2 抽象感觉：飞行、飘动、悬浮

5.2.1 课题背景

对设计专业的学生来说，造型的感受能力和表达能力至关重要，通过什么样的训练方式能有效地达到这一目的，是课题重点关注的内容，课题设置主要基于以下三方面考虑。

（1）观察分析，理解感受（研究内容）。我们观察事物获得的感受往往是造型、色彩、表面材质等要素综合作用的结果。单纯意义上的形态因素带给人的感受往往很难提炼。课题尽可能去除色彩和材质的影响，统一选用单纯的白泡沫作为塑造、表现、研究的素材，容易将感受和体会的重点定位在线、面、弧度、姿态等直接与形态本身相关的因素上。

（2）注重方法，提炼感受（研究方法）。能够以一定的思考路径和规律进行系统传授的研究过程是教学环节中的显性知识部分，容易被学生理解和掌握，具体表现为模仿、归纳、抽象和表现等环节。这些具体做事环节中的行为能力、经验技巧以及直觉感受是教学环节中的隐性知识部分，具体表现为对知识的内化过程，往往不容易被传授、表达、理解和领悟。知识内化的过程才是学生感觉能力提高的过程，教师应该尽可能多的与学生交流、沟通，多做示范，逐步将实际经验和感受等自身拥有的隐性知识传递给学生。

（3）精准塑造，表现感受（研究结果）。为了能够传达最初的感受，造型需要经过一步一步地阶段才能够变为现实，学生在每个阶段都要准确落实自己的想法，这个反复修正和优化的过程不但能够训练学生对造型的抽象能力、塑造能力和感知能力，也能够培养其严谨的学习态度和扎实的做事习惯和方式（见图 5.2）。

1. 课题内容

根据生活中的经验、感受以及对自然界物体的观察分析，设计制作一个抽象的立体造型使其具有某种如：飞行、漂动或悬浮的视觉感受。材料选用合成泡沫并进行表面抛光和喷涂处理，尺寸控制在 350mm × 350mm × 350mm 以内。

素材收集、感觉研究：从自然界中静态和动态的元素中寻找素材，分析研究，时间 1 周。

作品呈现：通过寻求正确的造型传达感受，注重细节、美感和完成度，时间 3 周。

图 5.2

2. 课题目的

课题重要的目的是训练学生造型的感觉能力和准确的表达能力。使其在制作过程中逐步掌握立体的表现技术、加工方法，提升对形体的塑造能力。意在培养学生能够通过分析、归纳等方法将抽象的感觉以准确的形态语言表达的能力。逐步积累经验并提升个人对造型规律的综合认识。

3. 课题重点

课题的重点在于通过具象分析到抽象表达的全过程，让学生体会并理解造型和感觉之间的关系，掌握通过控制平衡、方向、曲度、体量、线形、动势等造型因素来准确传达某种特定感觉的规律和方法。同时，从较为专业的角度掌握模型的制作流程、制作工艺、制作技巧，提高制作水准和精度。

4. 课题提示

对自然物的研究要从静态和动态两个角度进行，特别要将素材从无关的环境和背景中剥离出来，观察形态和动势本身传递出的感觉。虽然研究灵感来源于具象的自然物，但要注意最终的作品不能变成具象的表现。

运用多种表达方式进行探索，构思草图可以帮我们快速捕捉和表达瞬间获取的灵感。纸面上表达的信息只能作为立体造型的判断依据，重要的是将这种构思转化为大量的立体草模来深入推敲。草模阶段采用的材料可以反复剖切、添加和修补，要尽可能确定造型的方向动势、曲面姿态、线形过渡等决定性因素，而且需要进行粗略的表面处理来更准确的体会造型的感觉。

最终的细节和制作精度直接决定作品传达感受的准确性以及作品本身是否具有较强的感染力。边缘曲线、相贯交叉曲线、转折曲线等关键线形一定要准确而且有力。这些因素决定造型的方向、动势和平衡感，保持表面的顺滑和光洁会使"型体"表达更加单纯、有效。

5.2.2 课题设置

1. 素材收集、分析和研究，草图构思（16学时左右，分值：30分）

（1）具体内容。

从观察自然开始，认真收集自然界中具有飞行、飘动和悬浮感觉的事物，从静态和动态两个类型进行分析。整理并提取关键的形态要素，通过构思速写的方式将这种感受表现在纸面上，选择感觉较好的几种制作成立体泡沫或黏土草模，进一步检验推敲。

（2）要求。

在研究自然物的过程中，注意分析造型引发感受的原因，从力学、平衡性、方向性、曲度、体量感、动势等多角度进行研究。可以从模仿开始，慢慢过渡为抽象造型的表达，不能仅仅停留在具象表现的阶段。

（3）作业形式。

在分析和研究过程中逐步确定一种要表达的感觉，用A4纸绘制5~8种构思草图并阐述造型的来源，通过泡沫或黏土等易于加工的材料将构思草图立体化（大小控制在150mm×150mm×150mm左右），反复推敲、修改，逐步确定形态。

2. 通过立体造型表现抽象感觉（32学时左右，分值：70分）

（1）具体内容。

将基本确定下来的造型按照课题规定的材料和尺寸进行放大，展开制作。注意保持整体造型的一致性和连贯性，强化特征感觉。在塑型、定型、细节处理、抛光、表面喷涂的每个环节都要不断验证立体造型是否能够传达最初的感受和想法。

（2）要求。

最终模型的塑造过程需要从整体平衡性、曲面的凹凸起伏关系、体量感觉、相贯线的连贯性和交叉关系、转角部位的处理方式等多种角度进行处理和检验，以便寻求正确的造型。同时，也要注意材料的特点，大块泡沫不适宜大面积的修补，过度的切削可能影响最终的效果，加工过程一定要慎重。

（3）作业形式。

选用高密度的泡沫按课题规定的尺寸进行成品的制作。最终形态确定后，在表面加以树脂处理，抛光后进行表面喷涂处理并将作品通过金属或木制支撑杆固定在底座上，并进行多角度拍照（支撑杆高度控制在550~600mm）。

5.2.3　课题展开（过程、方法、认识）

　　训练的开始阶段，学生可以先观察分析静态自然物。但这些自然物引发感觉的原因也有所差异，学生在汲取和模仿的同时要客观分析。有些是所处环境背景造成的影响，比如漂浮在水面的荷花和浮冰；有些是形态本身直接具有感受，比如卷曲的植物和天空中厚厚的云团；还有些是隐含其中的张力给我们以启发，如蜿蜒的沙丘和饱满的露水（见图 5.3）。

图 5.3

　　观察完静态自然物，还要对动态自然物进行研究。通过被凝固的动作瞬间，可以仔细地进行分析和体会。有些自然物的动势方向性比较明确，如飞向猎物的鹰和跃出水面的海豚；有些自然物的动势中蕴含着某种强大的力量，如缓慢游动的海龟和扭动庞大身躯的巨鲸；还有些自然物的动势是通过近乎静止的柔和姿态传递出来，如水中自由自在的水母和金鱼。可以看出，自然物带给我们的感觉虽然类似，但仍然存在细微的差异，引发的原因也不尽相同，学生要仔细比较这种区别，逐步抽象，寻求规律（见图 5.4）。

图 5.4

学生通过草图很容易将从自然物上得到的感受进行快速记录和表现。开始阶段，大部分的草图都是对自然物形态的模仿和再现，抽象的过程比较难。从没有方向的试探，慢慢找到一些初步感觉，到最终逐步抓住要表现的主题，需要学生反复的尝试进行抽象。初级阶段的探索记录了学生灵感的来源和发展过程，是可以随时回到的原点（图 5.5 是学生对自然物的模仿和抽象草图）。

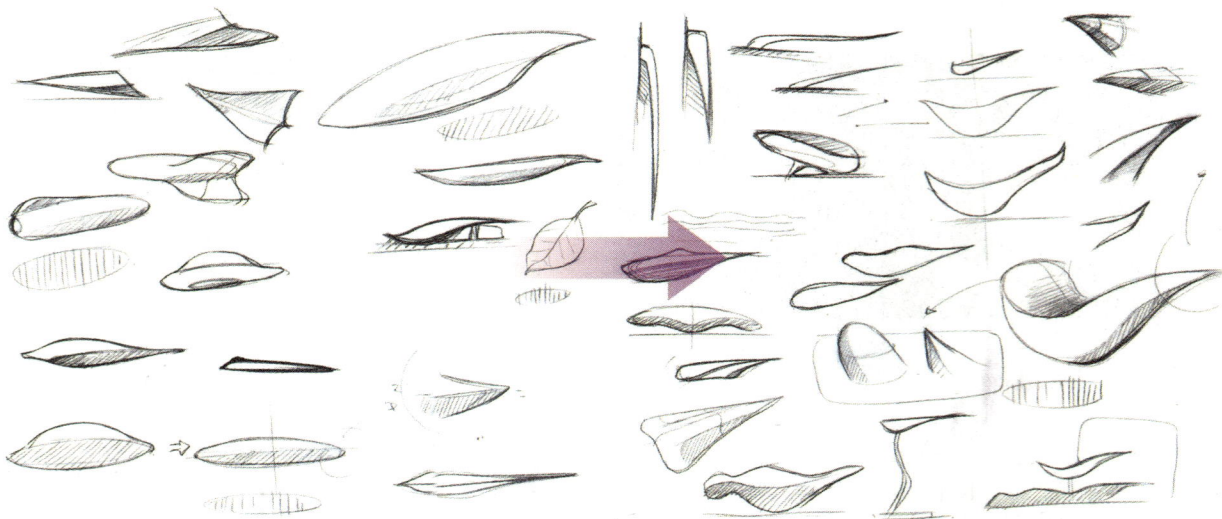

图 5.5

通过初步探索后，基本上能够确定一个较为清晰的思路和方向，接下来对方案进行深入刻画。最终的草图是立体造型的重要参考，深入的目的是从多个视角充分推敲造型细节，确保其能够更准确的表达最初的感受。比例关系、透视角度、阴影描绘、转角细节、方向动势等因素都对造型传达的感受具有决定或影响作用，一定要客观表现，不能有过多的夸张和渲染成分（图 5.6 是学生对表达"飞行"感觉的立体造型进行草图深入推敲过程）。

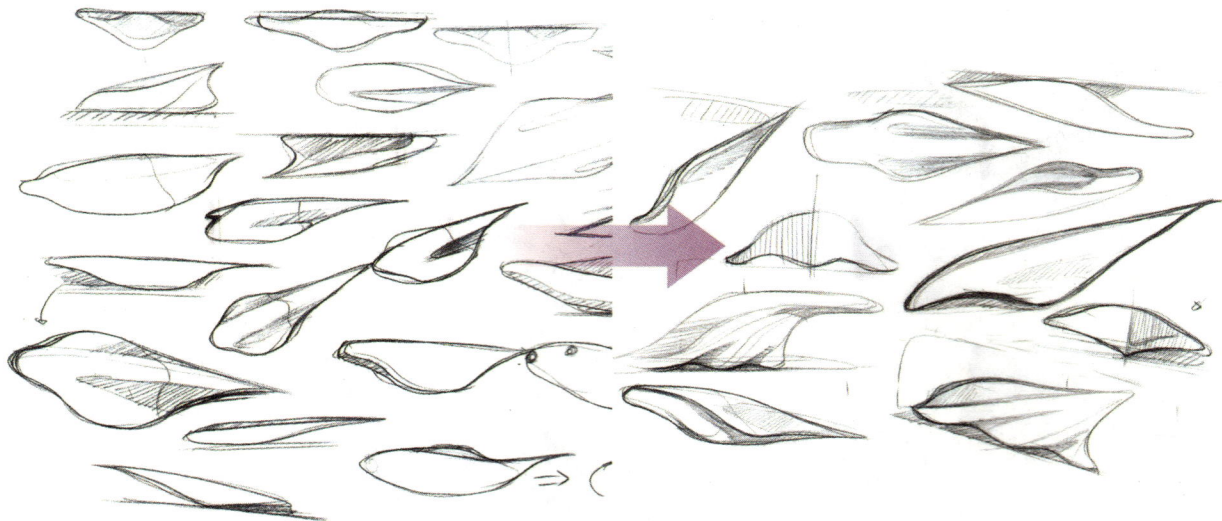

图 5.6

模型加工前，根据课题规定的尺度和确定的立体造型进行材料准备和材料分割。泡沫属于只能进行减法加工的材料，要在各个方向上都留有一定的余量。材料分割时要借助工具尽可能去除较大面积的多余部分，提高加工效率（见图5.7）。

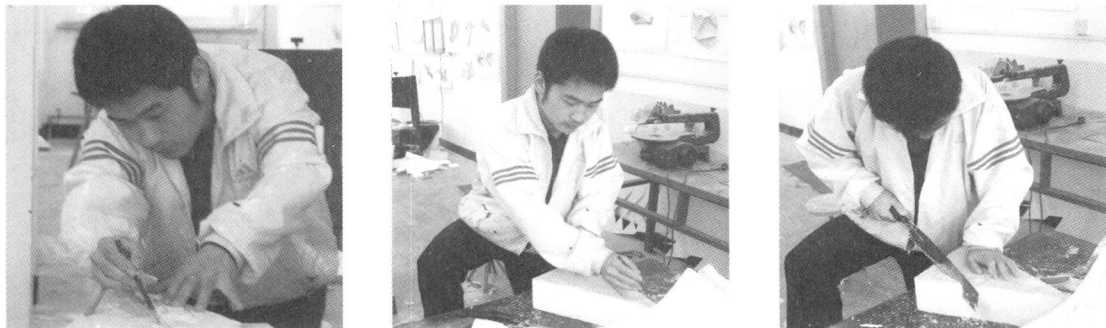

图5.7

形态的初步加工一般依靠粗砂纸快速打磨完成。模型制作过程中一定要注意材料的属性，过度切削将无法补救，需要慎重处理。抓住大感觉的同时，从各个角度推敲形体、曲面和线形等重要因素，处理好弧面的起伏和层次、边缘的转角和过渡、相贯线的交叉和渐变等细节，使造型逐步接近最终的状态（见图5.8）。

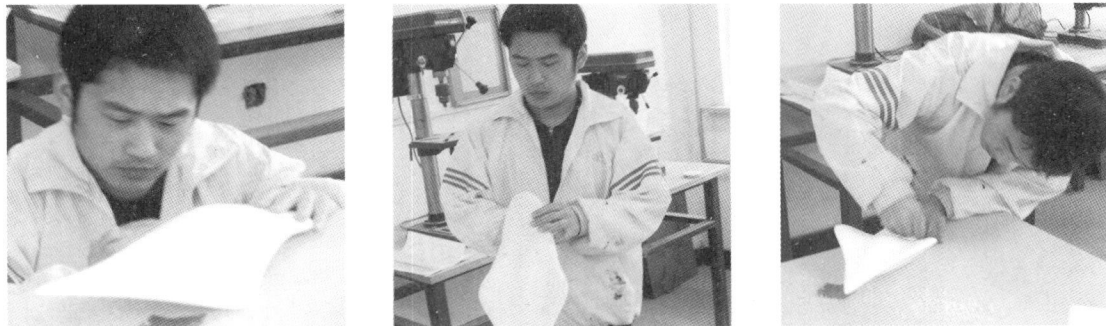

图5.8

形态加工的最终阶段要进行充分的优化，使模型逐步趋于完美、准确和精致。学生要带着一种极其挑剔的眼光全方位审视模型的每一个细节，使其从任何一个角度看上去都具有丰富的变化和层次感，都不显得乏味。当然，也要尽可能地提高模型的表面光洁度，为接下来的涂装和后期处理做准备（见图5.9）。

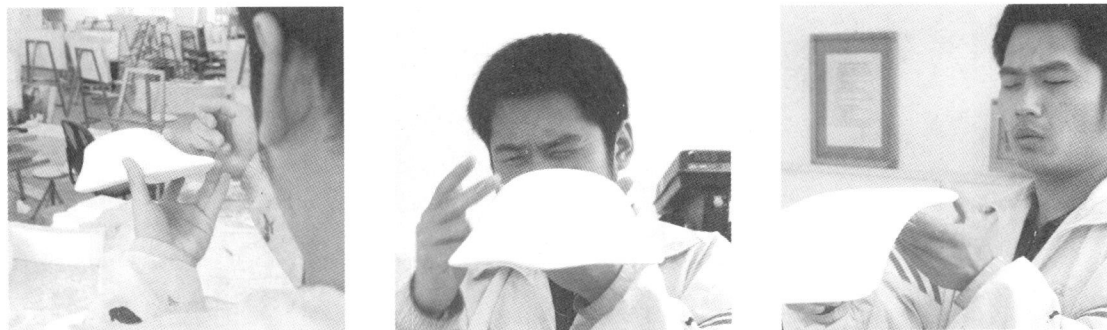

图5.9

　　泡沫模型确定完成以后，表面要加以树脂进行二遍处理，再次抛光后进行喷涂处理。漆料统一选用白色，最大程度去掉颜色因素对造型的干扰。最终完成的模型按课题要求用细金属杆固定在底座上，并再次验证这样的造型能否传达当初的感受（见图5.10）。

图 5.10

　　以飞行为主题的这件作品轻盈优雅，且具有很强的速度感和方向性，带给观者准确而抽象的飞行感受。整体造型简洁明快、层次丰富、曲面柔和流畅、起伏自然、富有节奏感，精致的做工使细节近乎完美，光洁的表面使形态更富有美感，这些综合性因素都强化了造型要传递的感受，最大程度达到了课题训练的目的（见图5.11）。

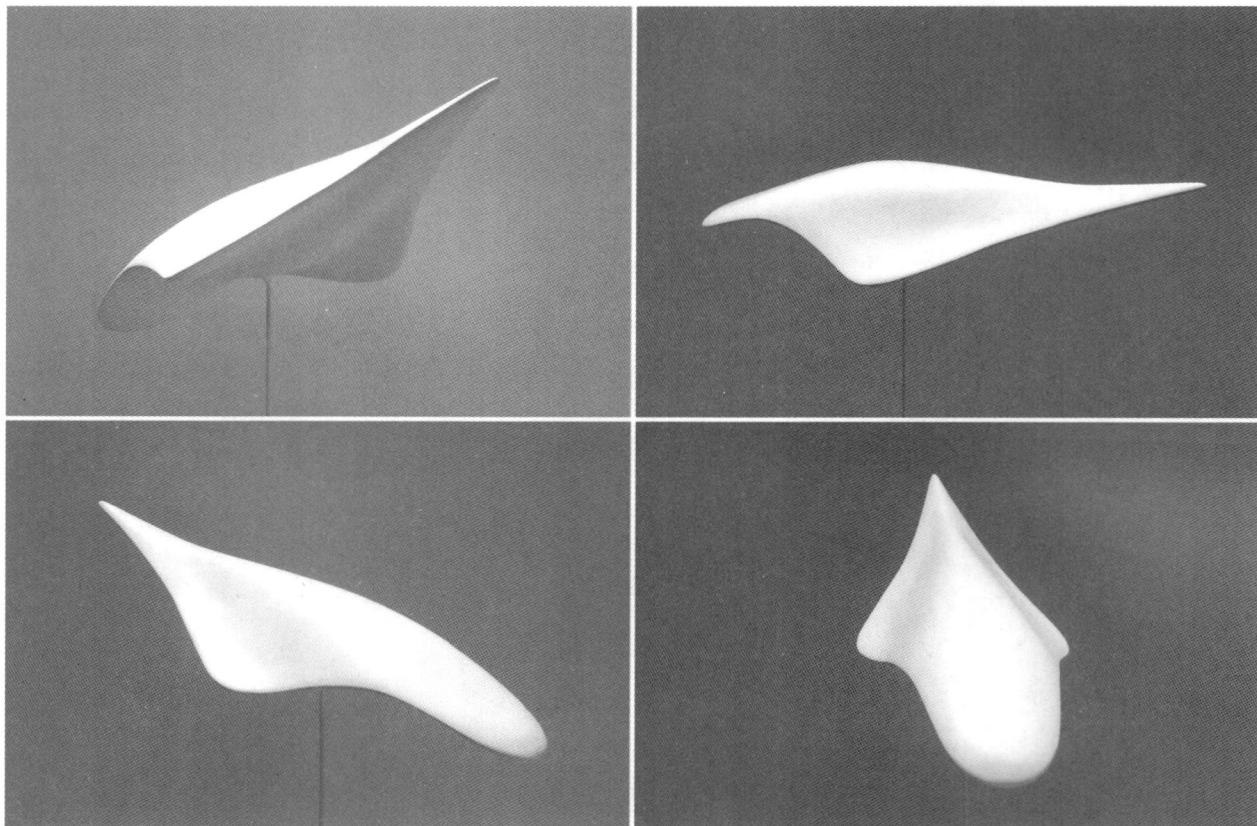

图 5.11

5.2.4　课题展示与评价

图 5.12 是以"飞行"为主题进行的感觉表现。学生以鸟类为对象进行研究，发现鸟类之所以能够飞行，主要有三方面的原因：①身体呈流线型，前肢变成翼，被羽毛覆盖；②胸肌发达，骨薄而轻，长骨中空，内充满空气，直肠短，没有膀胱；③食量大，消化能力强，有气囊，能够辅助呼吸。上述特征中与感觉相关的因素有：流线、力量、中空、轻薄等，同时方向和速度也是"飞行"的必要前提，作品以这些感性要素为出发点创作完成。

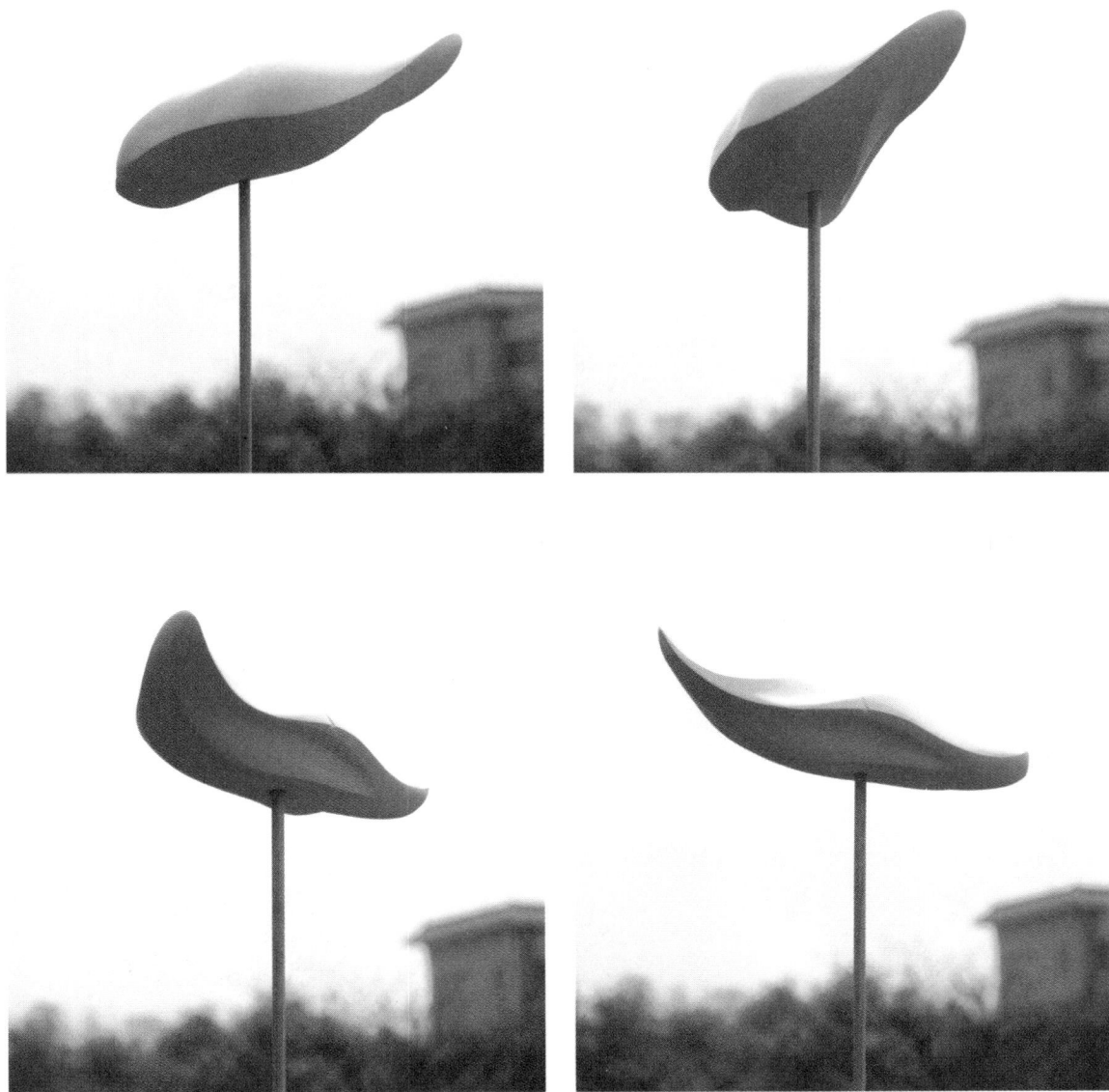

图 5.12

作品整体采用扁平状造型，充分体现飞行状态中的速度感和方向性，前端圆润结实，富有冲击力，后端尖薄上翘，体现速度感。上表面造型饱满，起伏舒缓，使形态看起来具有一种膨胀的空气感。侧面和下表面通过适度切削形成尖挺而流畅的棱线，使形态具有一种浓缩的骨感和力量，动势较强，很好地传达出"飞行"的视觉感受（作品评价：优秀）。

  图5.13是以"飘动"为主题进行的感觉表现。学生首先需要判断自然界中的哪些事物具有飘动的特征，选取水母、蒲公英、漫天飞舞的雪花及随风摆动的彩旗等作为研究对象，抽取其中共有的特征：①方向上具有任意性，受外界环境因素影响较大（如风向、水流方向等）；②表现出明显的不均衡受力状态；③运动速度相对缓慢、柔和；④小体积造型呈现群体发散状，达到一定的数量才会引发感受；⑤大体积造型呈现蜿蜒扭曲状，形态和动势本身直接引发感受，作品主要以这些被抽象的感性要素为出发点创作完成。

图 5.13

　　为了更好地体会形态因素与感受的关系，作者选取完整造型进行探索和表现。作品浑厚饱满，呈现出任意扭动的姿态，使观者感受到其中蕴含着一种由内而外的张力。连贯、过渡和交错的表面被处理得舒缓、柔和，减慢运动的速度，强化凝固的瞬间。曲面交接的棱线时而清晰有力，时而渐变消隐，充分体现了形体扭动过程中方向上的任意性和受力上的不均衡状态。从任何角度观察，作品都极富感染力，基本上可以独立于任何环境之外而带给人"飘动"感受的优美姿态（作品评价：优秀）。

　　图 5.14 是以"悬浮"为主题进行的感觉表现。与"飘浮"强调动势与姿态不同，"悬浮"更多表现

图 5.14

为一种相对静止的稳定状态。观察分析悬浮在半空的热气球、屋顶上厚厚的积雪以及被放大的空气尘埃，会发现"悬浮"在力学特征上表现为一种各方向的张力平衡性，在造型规律上表现为一种饱满的膨胀性，在存在姿态上更多表现为一种随意的悠然性。

从形态的整体感受方面，作品首先强调了膨胀性因素。造型的下半部分浑圆饱满，非球形的曲面打破了沉闷的规则造型，张力感更强。造型的上半部分略有变化，落差较小的曲面过渡到侧面，形成一种空气般的流动感，过渡到两端，形成向上拉伸的尖角，使造型在相对静止状态中有一定的动感。同时，张力也是导致静止形态产生一定动感的重要因素，作品局部的变形、倾斜、转曲和收束等处理手法使其松弛有度、造型丰富、力学平衡。总的看来，作者通过这样一个抽象的造型较好的将一种物体悠然悬浮在空中的感觉传达给了我们（作品评价：优秀）。

图 5.15 是以"飞行"为主题进行的感觉表现。作品在理解感受、抽象感受和表达感受方面存在一定的问题。首先，造型停留在对具象物品的模仿上，抽象程度不够，与鸟类和蝴蝶等飞行中的状态极为相似，很容易引发观者的联想；其次，造型过于单调，仅有的三块大曲面缺乏必要的变化，边缘的弧线线形趋于平缓，动感不强烈，上部曲面的局部隆起应该是做工不精细导致的（作品评价：合格）。

图 5.15

图 5.16 是以"悬浮"为主题进行的感觉表现。作品在表达感受中所选取的造型语言和表现手法方面存在一定的问题。首先，造型没有很好地把握住"悬浮"带给人的整体性感受，采用一种连续旋转的构成方式，造成一种力的单方向集中趋势，失去了造型的平衡性；其次，局部细节过于复杂和繁琐，过多的层次变化破坏了形体的整体感，使其表面本应该表现出来的视觉张力被大大削弱，没有准确地传递给人"悬浮"的感受（作品评价：基本合格）。

图 5.16

5.3 综合感觉：风格、语义

5.3.1 课题背景

5.2 的感觉训练课题主要强调形态要素本身带给人的感受，侧重于探索单一因素造型语言背景下，线型、曲面、弧度、姿态等不同造型方式产生的不同感受，着重提升学生应具有的敏锐判断力和造型表达能力。本部分将引入材质和简单的色彩因素，从更加综合的角度让学生理解造型和感觉的关系问题，课题设置主要基于以下三方面考虑。

（1）对自然物的观察、分析和模仿过程主要依靠感性因素，适度的规律提炼可以帮助提升表达过程的精确度（研究内容）。对人造物的观察、分析和模仿过程更容易上升到相对理性的层面，因为人造物本身就是经过人类的逻辑思维过程建构出来的，更容易从多种已知的角度和线索中寻求依据。

（2）课题中选取具有代表性的大师作品作为分析和再现的对象，在造型使用的材料种类及其所附带的色彩、造型方式的选择等方面进一步放开尺度（研究方法）。适度加入材料因素的目的并不是为了研究材料，而在于能够更加丰富学生的造型手法，同时也是课题从单因素造型语言向综合性的多因素造型系统过渡的一种训练。

（3）这两个训练造型与感觉关系的课题应该有一个共同的目标（研究指向）。都是以造型训练为载体来培养学生的感觉能力。这种感觉能力涉及感知能力和表达能力两个层面，训练过程可以使学生逐步理解和掌握，并建立起感性认识到理性认知的学习方法和理解事物的方式（见图 5.17）。

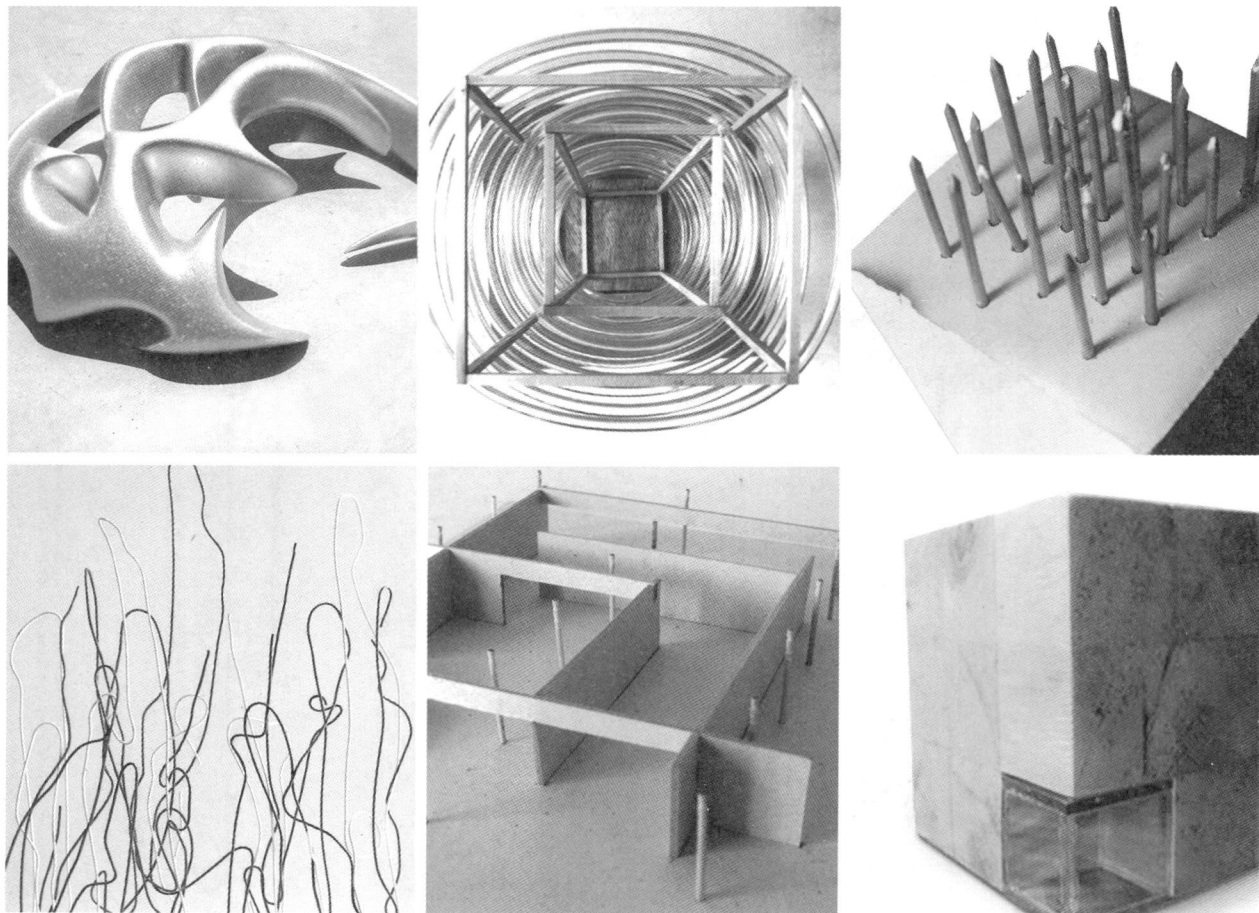

图 5.17

1. 课题内容

根据日常积累和个人兴趣选择一位众人熟知的设计师或艺术家的代表性作品，分析作品的造型风格，抽象作品的造型规律，设计制作一个抽象的立体造型使其与被选择的作品具有相同风格和语义感受。最多可以选择三种材料进行综合表达，尺寸控制在 350mm × 350mm × 350mm 以内。

素材选择、风格研究：从熟知的作品中提取与风格有关的造型素材，分析研究，时间为 1.5 周。

作品呈现：通过寻求正确的材料和造型方式再现感受，注重细节、美感和完成度，时间为 2.5 周。

2. 课题目的

课题重要的目的是训练学生对造型的理解能力和逻辑分析能力，提升个人感受力。通过不同造型材料和造型方式的选择，掌握综合的立体表达能力和模型加工工艺，并能够自由、准确的表达造型感受，传达造型语义。同时培养学生逐步形成从感性到知性，从知性到理性的思维习惯。

3. 课题重点

课题的重点在于通过有理、有据的逻辑分析过程，让学生体会感觉和造型，造型和材料之间的整体关系。通过控制材料种类、数量多少、比例大小、方向角度、密度位置、构成方式等造型因素来准确再现综合因素下的特定感受和语义。同时，创造性地探讨综合模型的制作流程、制作工艺、制作技巧，提高作品的艺术表现力和精致程度。

4. 课题提示

课题的前期分析过程至关重要，所以对设计师和其代表作品的选择一定要慎重，尽量选取自己熟悉的、了解的，这对有限时间内的充分分析过程将有很大帮助。同时，研究过程要从元素和整体两个层面展开，重点在于对型与型之间的构成关系的研究，也要关注材料对造型的直接影响。

虽然作品的表达要以抽象形态呈现，适度的借鉴是必要的，但要注意不能够变成所选作品造型的简单模仿和缩小，而需要表现得更具概括性。不但要对作品本身进行诠释，同时也要对设计师的特点进行适度的表达，更要让观者体会到设计师本身的个性和风格。

本阶段的训练已经是造型感觉训练最后一部分内容，也是目前为止最为综合的一部分，进行研究和探索的手段也提倡采用多种表达方式进行构思和分析。前期的草图可以对造型大的感受进行定位，计算机辅助造型分析可以帮助准确固化这种感觉，并直接指导最终模型的制作。要注意的是，草模型和最终模型的选材一定要统一，防止出现由于材料的不统一造成的感觉误差。另外，材料的种类要有所控制，材料的比例分配要有主有次。

5.3.2 课题设置

1. 素材选择、分析和研究，多方式构思草案（24 学时左右，分值：40 分）

（1）具体内容。根据自己的专业方向、个人喜好以及熟悉程度选择一位众人皆知的设计师，对其某一时期的活动特征和代表性作品进行梳理。提取作品中传递出的造型语义，绘制草图，进行计算机模拟，制作草模型，从而逐步探索、概括作品中传递出的这种风格特征。

（2）要求。在研究设计师特定时期的代表性作品的过程中，要注意从整体的、发展的角度来看待，结合其发展历程，能够更加清晰该时期、该作品产生的缘由。同时，造型的归纳概括过程要尽可能的排除模仿的痕迹，力求通过更加简化、差异、完整的造型语言直接进行准确表达。

（3）作业形式。选择 2~3 件具有相同风格特征的代表作品，每件作品收集 3~5 张不同角度的图片，用 A4 纸绘制 3~5 张草图来概括作品风格特征。再绘制 3~5 张草图进行抽象造型表达，通过计算机辅助设计帮助精确化造型，进行必要的草模制作（大小控制在 150mm × 150mm × 150mm 左右），进一步体验造型是否有效传达出作品的风格特征。

2. 通过抽象的立体造型表现风格和语义感受（40 学时左右，分值：60 分）

（1）具体内容。选择合理、合适的材料，将已经确定的造型按照课题规定的尺寸进行最终的放大制作。制作过程中注意尽量优化造型，突出特点，注重不同材料之间的对比关系、连接方式、角度位置、细节处理等因素，每个环节都要不断验证最终的造型是否能与要传达的造型语义风格相吻合。

（2）要求。最终模型的制作过程应该是具体情况具体考虑。根据每个造型的特征、每个造型的材料选择来决定制作方式，但一定要保持造型和材料的一致性。比如精确化、几何化的造型可以采用能够精加工的 ABS 板和 KT 板等材料，曲面复杂的造型可以采用铁丝布料蒙皮或者泡沫、石膏等可塑性较强的材料（注意：辅助材料不能够对主体材料产生干扰）。

（3）作业形式。每个人根据不同的造型和确定的选材按照课题规定的尺寸进行成品模型的制作。基本模型完成后，要对细节和表面进行必要而精细的处理，并考虑合适的固定方式将模型固定于能够充分展示模型特征的 KT 板上。

5.3.3　课题展开（过程、方法、认识）

图 5.2 中作者选取了世界著名的设计大师扎哈·哈迪德（女）较早期的代表性建筑作品作为研究对象，进行收集、整理、分析和解构。可以看出，作品中呈现的锐利、流动、破碎、聚变等视觉语言强烈冲击人们的感官。扎哈的作品通常以锋利的锐角、三维曲线以及有机形态的组合为标签，通过片断式、运动化的特点，强调将传统的形态从现存的约束和固有的秩序中解放出来，重建建筑和产品之间的多元而有机的联系，以一种全新的秩序重新出发（见图 5.18）。

图 5.18

通过前期研究分析发现，扎哈早期作品的复杂性并不是元素复杂，而更多是体现在一种元素之间重新发展的构成和组合关系上。筛选出作品中最常使用的三角形、多边形和短折线等元素，借用计算机辅助设计的手段进行重新组合，逐渐将线条作为图形的切片方式融入图形中，形成一种扎哈作品中特有的流动感和解构性。接下来的重点是如何将平面图形进行立体方式的塑造（见图 5.19）。

图 5.20 中作者通过图形分割、色块组合已经基本抓住了扎哈作品中展现的解构特性，但这种平面图形关系还需要转化为与之对应的、合理的立体造型，而且不但不能失去这种视觉感受，反而要更强化，具有一定的表现难度。

根据平面图形的基本特征用 KT 板材裁切出对应的部分。通过倾斜、抬升、穿插、凹陷、重叠、支撑等方式将平面图形塑造成起伏丰富、穿插有序、细节充分的抽象造型，很好地诠释了对扎哈作品的理解，传递了作品带给观者的准确的视觉体验和心理感受。

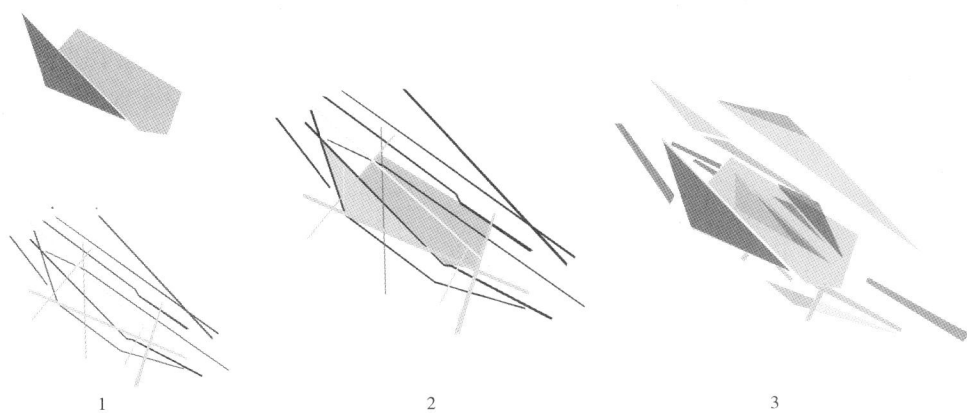

图 5.19

图 5.20

抽象作品之所以精彩，主要有 3 点处理得恰到好处：①分析准确、选材合理，KT 板材很容易塑造出硬朗、尖锐、几何化的造型来表现形与形之间的解构关系；②主体突出、细节充分，中间两块大的拼接斜面和局部的几何形凹陷相互呼应，立体感很强，数量有限的小块细节有效补充，也不繁琐；③造型元素和构成方式简单统一，作品既没有模仿的痕迹，也与建筑的造型保持了一定的距离（见图5.20）。

图 5.21 中同样选取了扎哈的作品，但主要是对其成熟期的某些代表性产品设计进行收集、整理、分析和解构。该阶段，扎哈开始迷恋相对柔和、流动感极强的有机形态。作品中频繁使用复杂的线条和过渡曲面，研究连续性和平稳过渡时各造型元素间的关系处理问题，在展现个体产品的独立性的同时，也对整体的和谐性有所考虑。虽然使用的造型语言有所变化，但扎哈作品中体现出的解构精神和希望重构建筑和产品中的新秩序是其一直不变的主题。

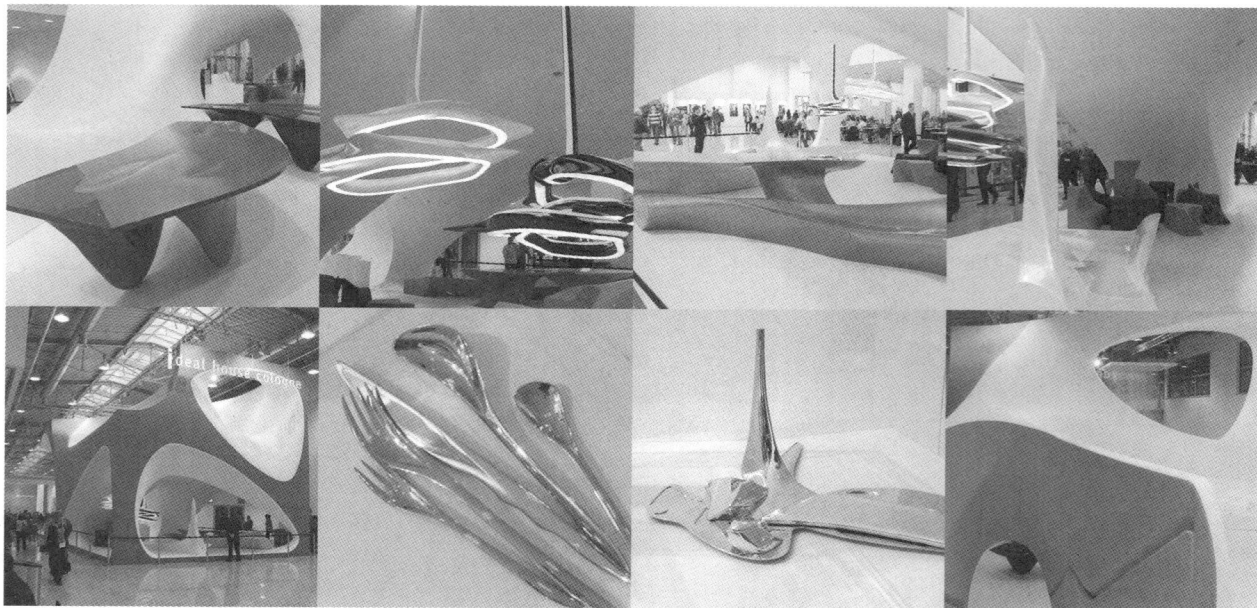

图 5.21

前期研究的重点是如何通过有效的手段捕捉到作品中有机形态的特征和规律。计算机辅助设计在表现复杂曲面上受到一定的制约，相反快速的手绘草图很容易迅速传达出应有的感受。通过图 5.22 可以看出，学生从模仿简化开始，逐步抽象调整形态，适度夸张并保留关键曲面的特征属性，最终确定的造型特别强化了扎哈作品有机曲面的两个突出特点：①被拉长后略带扭曲的曲面；②随时发生突然集聚的突变性曲面。但选用何种材料将这两种视觉感受统一整合是接下来课题面临的挑战。

对扎哈作品中造型特征的提炼固然需要动一番脑筋，但选用何种材料才能够最充分的展示这种感觉更是难题。①方案中的曲面连续性强、变化丰富、完整度高，特别是部分重叠和交错的曲面难以处理；②扎哈的作品张力十足，如何最大程度的表现曲面中蕴含的力量感也是难点之一。

设计者先后选择木材、石膏、泡沫和纸材等多种材料进行实验，始终无法达到理想的效果，曲面的连续性和光顺性虽然能够达到，但始终无法呈现出弹性十足的张力感。最后，设计者大胆地采用造型中很少采用的软性材料（黑色丝袜），用弹性较大的铁丝作为骨架，用钢钉进行关键节点的固定，达到了意想不到的效果。

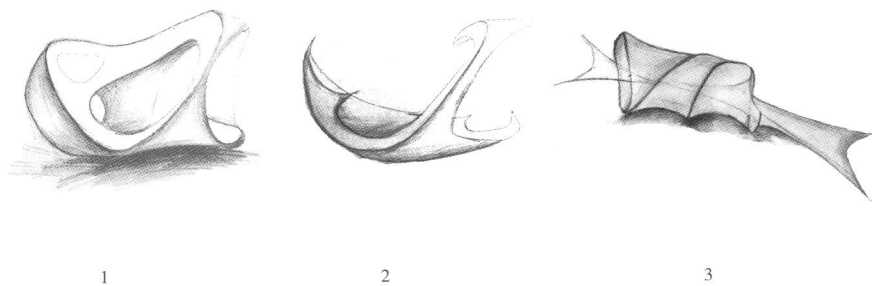

1	2	3

图 5.22

  采用黑色丝袜作为主材的最终作品特色有 3 个：①被拉伸的黑色丝袜呈半透明状，部分区域重叠后层次更加丰富，视觉效果突出；②铁丝骨架和黑色丝袜的结合方式很好地将曲面的弹性张力有效的放大；③选材和造型打破常规，与原作品保持了适度的差异性（见图 5.23）。

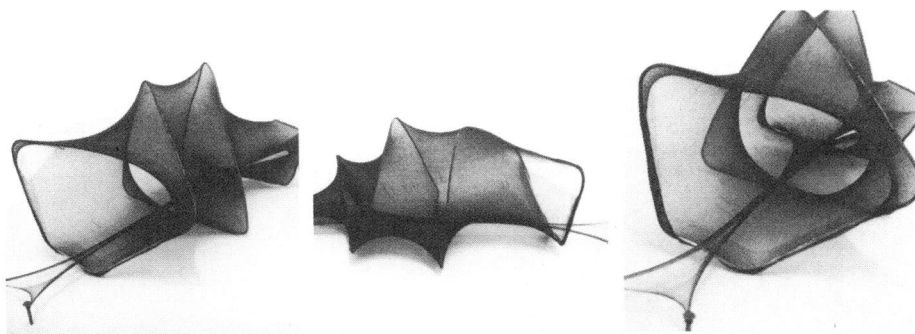

图 5.23

5.3.4 课题展示与评价

图 5.24 是学生对美国建筑师弗兰克·盖里的作品进行分析研究后，完成的抽象造型。盖里擅长用有机形态来传递生命的内在动能，他的建筑有着标志性的曲线和金属表面，他的作品摒弃了传统的直线条和造型方式，用充满生气的曲线和弧面呈现出雕塑般的气质。特殊材料搭配使用在盖里的设计中也一直是重要的元素，对材料性质的表达和探究带给他许多造型上的启示，激发其释放几何造型中的永恒力量。

图 5.24

学生力求从其造型繁杂的解构式作品中寻找到某种简单的规律，体量相当的体块和曲面经过合理有序的堆积和相互嵌入，构成秩序统一的集合体。按照这种思路，作品将造型灵活的泡沫分割成大小相当的体块，并进行有限度的切削、打磨、嵌入式组合，形成一组统一而又充满各向异性的集合状抽象造型，虽然简单，但能够充分展现盖里作品中蕴含的魅力（作品评价：优秀）。

图 5.25 是学生对现代主义建筑大师勒·柯布西耶的作品进行分析研究后，完成的抽象造型。

选取的是柯布西耶最具有代表性、也是对世界建筑领域影响最深远的萨伏依别墅、马赛公寓和朗香教堂三件作品。作品集中体现柯布西耶对现代主义建筑和城市规划中功能、空间、模数、风格、材料等多种可能性的探索和研究。因素相对复杂，很难用单一的造型元素进行准确的表达。

图 5.25

学生通过反复研究和实验，选取功能、模数和风格三种特征明显的元素进行融合性的造型表达，用4块形状各异的白色泡沫相互进行 90°嵌入式构成。顶部斜切的造型与下部标准的方体形成对比，风格特征明显，形体间合理的对比关系和互相嵌入的部分有效展现了功能和模数的特征。整个方案虽然不是特别的完整和统一，但其对敢于将如此众多的元素进行大胆的融合性尝试，是值得鼓励的。另外，作品的支撑方式和底座的材质也强调了要表达的内容，做工精良，达到课题规定的要求（作品评价：优秀）。

图 5.26 是学生对当代英国最具代表性的工业设计师之一贾斯帕·莫里森的作品进行分析研究后完成的抽象造型。莫里森的作品以力求文雅、简洁精妙和恬静式的幽默设计风格而著称。批评家 Chades A~hur Boyer 用"明确化"来描述莫里森的设计风格："他为每个人的使用而设计每一种物品,让产品变轻而不是更重,变得更柔软而不是更硬,使产品融入房间而不是与之排斥,制造出充满活力的光和空间。"

图 5.26

概括表现该风格的难度在于,产品设计不同于建筑和绘画,因素较多,而且莫里森的设计更多体现在对产品细节的处理和优化上,往往不是通过视觉,而是通过使用才能体会产品设计的特点和价值。学生选择最简单的几何造型,在分割细节、转角处理、比例关系等方面进行不同的倒角处理,使原本冰冷生硬的泡沫长方体呈现出一种柔和、细腻、精致、亲人的状态。也正是这种对造型细节的精妙掌控和处理使人和造型都将呈现出一种接触、抚摸和使用中的乐趣(作品评价:优秀)。

凡·高是众所周知的著名画家，其对太阳的迷恋和对生命的热爱感染了很多人。选择其作为研究和表现对象具有一定的难度。可以看出，学生在分析、选材和最终表现方式上还是下了一些功夫，能够抓住凡·高人生和作品中展现的无序、动荡、矛盾、狂热的状态，用不规则的几何造型拼接完成某种感受。但作品中缺乏的对生命力的展现也是显而易见的，直线元素从某种程度上反而抑制了这种感受的传达。作品的完成度较高，基本上达到了课题规定的要求（见图 5.27）（作品评价：中等）。

图 5.27

研究的对象是日本建筑师伊登丰雄及其代表作品。可以看出，研究过程中存在两个问题：①研究对象单一，很容易受限，不容易发现其作品中的普遍规律；②抽象造型缺乏必要的概括和整理过程，更像是原始建筑作品的变形和缩小后的模型，元素也是直接借用的，这种简单的复制过程基本达不到训练的目的。但作品的整体完成度还是基本上达到了课题的要求（见图 5.28）（作品评价：基本合格）。

图 5.28

研究的对象是提出"少就是多"的世界著名建筑师密斯·范德罗。可以看出，研究和分析过程缺乏，表现手法简单，材料选择欠考虑，缺乏整体性，基本上是对密斯作品的简单模仿。被纸板围合成的空间与竖立的众多牙签显得格格不入，两者缺乏必要的关联性，组合起来更像是一个简单的建筑模型，做工也略显粗糙，没有达到课题规定的要求（见图 5.29）（作品评价：不合格）。

图 5.29

本章小结

本章的两类典型课题从不同的角度训练了设计专业学生应具备的两种较重要的能力，即对形态的敏锐感受力和通过造型准确表现某种感受的能力。通过这个学习过程，学生应该能够获得并掌握一种有效的方法来分析和研究很难言表的抽象感受。同时，学生更应该认识到，对方法的理解和掌握的意义要远大于最终完成的作品本身。

从整个教学过程来看，重点并没有放在枯燥的知识点的讲解上，而是引导学生通过亲身观察、独立思考、适度借鉴和不断的动手实践过程来掌握知识，获得能力。实际上，课程一直在努力为学生营造一个开放的学习、探索和发现的环境。希望激发学生本身具有的对造型的感受能力，并帮助学生通过自主学习逐步建立起独立的思考习惯，这种学习和工作方式对学生今后的职业生涯至关重要。

该课题中的作品完成度相对前面的结构与造型课题、机构与造型课题和材料与造型课题要求更高。需要学生具有极大的耐心进行反复加工，并对细节给予足够的关注，这些因素都直接决定最终作品带给人的直观感受。学生从中可以深刻体会到"细节决定成败"的道理，而这也是对学生职业化工作态度的一种培养。

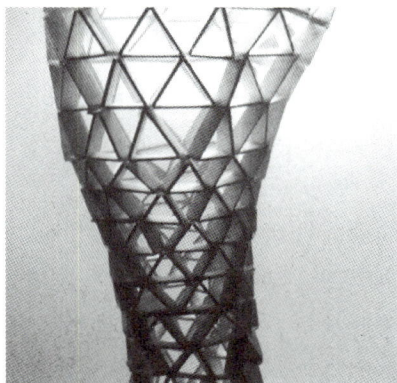

第6章 | 综合造型

本章内容

借助自然科学的研究成果分析自然形态的生成与环境因素之间的合理关系。通过借用、提炼、概括、抽象等分析方法，结合"适者生存"的造型理念，创造出适合人类使用的某种空间形态。

本章重点

课程的重点在于从科学的、逻辑的角度来理解和运用形态，使学生的思考过程更加严谨而富有系统性，实现理性思维和感性思维的有机结合。

6.1 造型基础的综合造型基础

综合造型训练自身体系的建立必须要先明确教学的目的与目标问题，即建立学生合理自主的设计知识结构是课题设置的首要任务和目标思想。在一般知识体系建立过程中的典型倾向表现分为两种："由技入道"或"由理入道"。在此，厚此薄彼，偏颇任何一种方式孤立发展都是不足取的。在寻求设计知识范畴之间的合理、平衡的同时，综合造型训练课程体系需要开放的、动态的以及系统关联的教学平台。相比传统的传道授业解惑的师生关系，其更需要教学互补，共同求索的协同促进，这样才能催生自主、自由、能动的新的渐进式综合造型训练的课程体系。

课题设置的过程是设计的过程，也是体现和应用设计的创新思维的过程，更是建立符合设计系统创新的一般逻辑关系的过程。建立造型基础课程体系要与学科基础课和专业课程体系相联接，从而融入并建立、完成整个教学系统的知识传载，在正确的认知结构上建立合理的知识结构体系，实现其存在的目的与价值。

综合造型训练作为设计学科的基础课程，作为一门基础研究的课题，必然要深入、扎实、系统性的提炼设计学科基础存在的普遍性规律。面对不会因时间而改变的主要研究对象，展开缜密的逻辑关系的论证，建立相应的造型基础的评价体系。因此，造型基础课程体系的构建必然应该遵循系统性、逻辑性的原则。

随着我们对设计本体问题的研究深入与提升，传统、单一模式的训练方法无法完成对复杂研究对象的系统整合，容易被分散割裂的表象所桎梏，从而对研究对象的相关因素视而不见，以致造成追求形式的浮夸表现。因此，综合造型训练是设计系统的整合过程，是综合的设计思维的形成过程，是从注重技能向注重设计思维与方法的知识结构体系建立的转化过程。从设计角度讲，也可理解为一切为了培养设计的基本能力，同时更是对学习者自身设计知识体系的构建的培养，是整合诸设计要素的设计造型系统的动态重组（见图 6.1）。

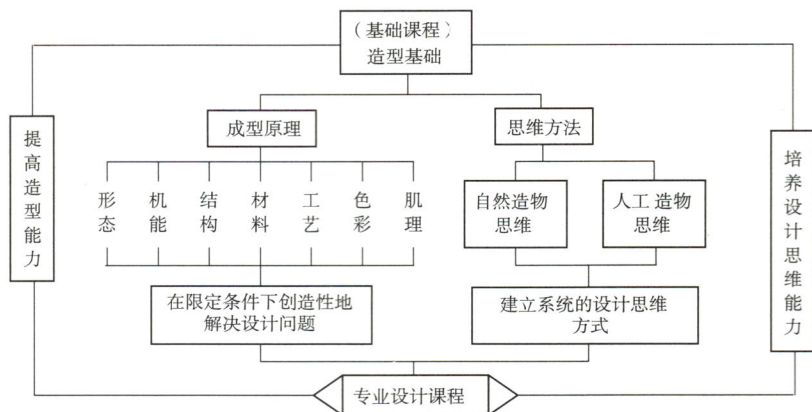

图 6.1

综合造型训练的内容应该涵盖设计基础的各个方面内容。它以造型系统为主线承接学科基础课程，包括设计素描、设计色彩、工学原理及表达类课程；渗透到设计方法、创造性思维等方法论课程，并逐渐向专业课程过渡。系统地将知识转化成可以应用的动力，利用前后课程中已获得的知识与能力，在限定条件下运用严谨的设计思维方式实现系统意义上的创新（见图6.2）。

图 6.2

6.2 自然空间解读与塑造

6.2.1 课题背景

当学生完成了一系列的基础训练后，综合造型训练将对学生所接触的设计要素进行整合，使学生在造型方法和整体思维上有所提升。对于这方面的训练，主要基于以下几方面考虑。

（1）"师法自然"是人通过设计与自然对话的一种途径，也是一种至高的精神追求。就是以"自然"为法则，"自然"是整个宇宙的普遍规律，自然系统和人类系统必须遵循这一法则，学习、遵循自然的存在和发展规律才能达到人与自然的共生和谐。其互补共生的时空观，实则是对自然系统运行机制的融合，是生命体与生存环境永续共存的发展规律。而当代设计艺术这一人工系统，亦如自然系统一样宏大而又有规律可循。自然生物圈的循环复始、共生并存的持续发展正是设计艺术所遵循的基本原则，即力求解决人与人、人与物、人与环境的协调关系。和谐共生、用尽废退、因地制宜等规律性的理念同样是可以和设计艺术相通的（了解系统性思维）。

（2）它与其说是人类研究的新对象，不如说是自然启示了人类，并提供了一种解决生存问题的新方法和新途径。作为跨学科的艺术设计而言，历史的发展使得我们懂得人类应该与自然"共赏"，而不是无限制地改造和索取自然，自然系统理应成为设计学科的老师。自然系统为设计艺术提供了系统的思维方式和方法，即系统化的方法是研究和解决事与物的关系问题的基本前提。自然系统的规律是关于生物多样性、关联性和差别性的永无休止的规律，在自身进化发展的过程中几近完美，并具有很强的自我调节和永续发展的生命能力（学习借鉴方法）。

（3）设计界对自然系统的借鉴，已经不满足于通过其形态结构来解决问题或仅仅来形成它们的秩序美感。当代科学研究成果的依托使得感性与理性结合的设计方法有理可循，设计更在被系统性的思维方法进行统筹，使自由地创新设计成为可能。艺术设计对自然系统的合理性探索是一种系统的设计思维的探索，它是以自然为依据的设计方法的探索，更是一种生存的态度和设计艺术智慧光芒的诠释。自然系统为设计艺术提供了无穷的灵感和多样的设计形式，形式追随功能已经不是唯一的设计准绳，形式追随过程、形式追随能量的流动、形式可以唤起功能等设计信条由此而生。在自然系统中，任何活着的有机体，它们的外在形式与内在结构都有必然的因果关系，与生存环境的能量交换和能量流动，形成一个链状的生物动态过程。自然系统为设计提供了无穷无尽的思想启迪和生存状态的思考（生存态度）。

1. 课题内容

选定一个自然界的形态（如蜂巢、蚁穴、鹦鹉螺等生物体或者有宿主的动植物生存空间），通过查阅科学文献或相关资料、解剖、调查、研究等手段，多因素地尝试分析其形态的生成原因。并以此为研究依据，利用人工材料、工艺及成型方法的探索，生成一组新的形态，最终实现与人的行为相结合的探索。

作品呈现：500mm×500mm×500mm，3件（注重作品的细节、美感和完成度），时间4周。

2. 课题目的

本课题的目的在于让学生在有一定科学原理、依据的参照下，从自然系统中寻找造型的依据，通过理性分析，阶段性地展现形态空间的探索过程。发掘的形态结果并不是最终的目的，更重要的是在研究过程中，以严谨、客观的态度，探索性、实验性地发现造型的可能性，实现设计思维基础的整合和方法的尝试。过程重于结果。

3. 课题重点

以严谨的态度对待前期分析，合理利用已有科学原理，注重程序与方法的运用，能够把上阶段的造型方法和手段进行系统地融入。自主的学习和研究性的态度，坚持不懈地持续性探索是本课题要培养的基本品格。

4. 课题提示

对科学原理的借鉴，可以通过网络、询问、调查等方法获取信息，在此基础上尽可能以实物为依据获得翔实可靠的资料，对选定自然空间（如蜂巢、蚁穴等）进行分析。通过人工材料结合结构、机能等成型要素，充分尝试和探索成型的可能性，最终选取优化的方案深入发展。主张设计的答案不具备唯一性，只有在限定下的相对合理，明确设计基础是一种态度，是一种探索意识的实现。

让学生懂得每个学习探索阶段都是一个子系统的生成、纷杂的信息管理、与知识的整合，使得综合训练的课程体系不再单一地解决造型的形式问题。在此过程中，专业技法成为一种交流与表达的工具，单一的二维表达已无法满足求知的探索历程。图纸、模型、调研与报告、语言交流与团队精神等成为发现与解决、分析与整合、评价与应用的必要因素，潜移默化地引导学习者对事物由表及里的探究，沉淀下来对问题研究的系统性、科学性的逻辑拓展。

本课题强调学生与教师共同参与的运行与实施体系的建立，即以学生为主体，以研究为手段，以探索为目的，以教师为引导的学习协作团队。因此，教师的职能是引导和组织学习，学生要学会学习，学会自主的学习，以对生活的积极态度和敏锐的洞察力融入探索的全过程。师生应有密切有效的配合与交流，对于学生而言，自主能动的学习能力和行动能力，是顺利完成课题的前提。作为教师，必须成为每个环节的引导者和设计系统建立的把握者。总之，师生协作关系是艺术设计造型基础课程体系运行与实施的保障。

6.2.2 课题设置

1. 调查分析阶段（12学时左右，分值：20分）

（1）具体内容。

选取一个自然中的生命体（如蜂巢、蚁穴、鹦鹉螺等生物体或者有宿主的动植物生存空间），对其形态成因进行分析。要通过调查、分析、研讨等自主学习的方式进行研究，以草图、草模型的表现手段整理出研究成果（见图6.3）。

（2）要求。

学生在搜集资料、分析整理的过程中，要以生物学等研究成果为主导，对形态成因的分析避免主观推测，既要有一定的科学依据，又不要被复杂的科学分析所困扰；既要有自主学习的意识，又要学会取舍，保留对造型有利的研究成果。克服对阅读、研究的畏难情绪，剥丝抽茧地将所研究的形态分析清楚就可以。在此阶段，更重要的是培养学生自主的学习能力和对复杂信息的整合能力。

（3）作业形式。

将收集到的资料进行分类整理，分析总结，通过语言、图表、模型等形式进行成果表述，利用10页幻灯片演示文件进行集体汇报，并通过讨论为下一步形态研究做准备。要客观地描述对象，切忌猜测、主观臆断；表述准确、清晰。学习过程要具有以下两方面内容：①通过查阅资料、请教专业人士等手段了解别人的研究成果（根据一）；②通过实验总结自己的感受（根据二）。

2. 材料及方法的实验阶段（32学时左右，分值：40分）

（1）具体内容。

在所选的自然形态为研究成果的基础上，利用人工材料如纸板、石膏、木材、塑料等材料进行成型方法的探索和研究，最大可能地依据研究原型的结构、机能、材料特点等因素进行多角度、多种可能性的尝试性探索。

（2）要求。

在材料和成型方法的探索过程中，应该以开放的视角进行多次试验和探索，对形态的把握可以有一定的偶然性。每个试验的过程都是一个系统的思考过程。既要有自由的创造的欲望，又要有理性的分析整合的思维。制作的过程围绕自然形态的成因展开，并且要同时考虑自然空间与人工空间的区别及其关系等问题。

（3）作业形式。

在调查研究的基础上，对探索方案实施。分析解读空间诸因素，材料不限，锻炼学生应用、创造、动手能力和综合分析能力。对 500mm×500mm×500mm 大小的 3 个以上的中选方案进行精细制作。

3. 整合再探索阶段（32学时左右，分值：40分）

（1）具体内容。

在完成试验性探索的基础上，对所做的过程进行重新整合，并且选取一个最接近于自然研究对象的成果进行大尺度的制作，并以此拓展人工应用的各种尝试和展望。

（2）要求。

同一形态由于尺寸的不同，所使用的材料、工艺、成型方法都有所变化。因此，对于已有形态结果的放大，需要对材料工艺因素进行重新思考，周而复始的不断强化对研究的程序和方法的注重，使学生在面对不同的研究对象时，学会使用不同的方法进行动态的持久的探索和学习。学会学习比获得实物形态的完美更重要，只有思维的完整才能够保证形态研究的深度和广度。

（3）作业形式。

选取优化方案，制作一个 1000mm×1000mm×1000mm 以上的方案，要求精细制作。在制作的同时要记录学习和研究的过程，并通过多种方法的实践，以照片、影像等手段进行描述和试验其他应用的可能性，如和人体动作、功能等的结合研究等。

图 6.3

6.2.3 课题展开（调查分析、材料及方法的实验、整合再探索）

1. 调查分析阶段

选定研究的自然物：骨骼的结构。

"骨骼是组成脊椎动物内的坚硬器官，其功能是运动、支持和保护身体"制造红细胞和白细胞，储藏矿物质。骨骼由各种不同的形状组成，有复杂的内在和外在结构，使骨骼在减轻重量的同时能够保持坚硬。骨骼的成分之一是矿物质化的骨骼组织，其内部是坚硬的蜂巢状立体结构。其他组织还包括了骨髓、骨膜、神经、血管和软骨，骨与骨之间一般用关节和韧带连接起来（见图 6.4）。

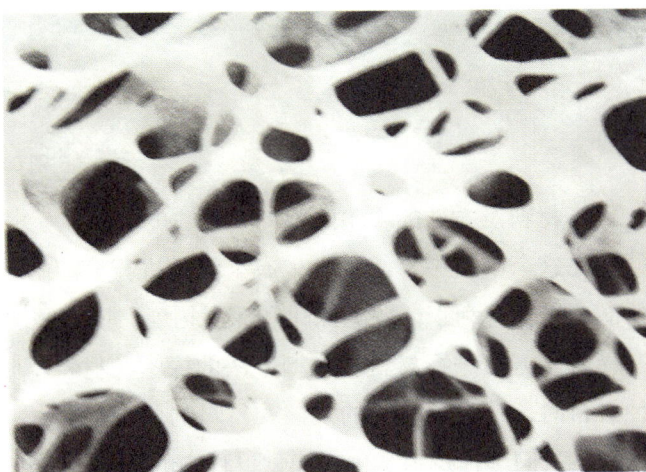

图 6.4

学生在教师的引导下，对自然界的形态进行有目的的选择。选择的对象尽量是有宿主的生物形态，并在此基础上，通过书籍、网络、文献等渠道了解分析的对象。对于骨骼结构的选择，更重要的是从形态入手，探索成型的多种可能。它的特点可以概括为空隙、质轻、坚固、蜂巢状不规则形态、形态复杂不易控等。在有条件的情况下，可对原型进行现场考察和实物解剖，以便对已获得的信息进行验证，从而达到全面熟悉了解的程度。该阶段要杜绝凭主观印象进行猜测，避免主观臆断的现象。

在对研究对象基本了解和熟悉的情况下，通过草图、草模型等手段对其进行描述性分析。借助一定的材料和工艺对原型进行模仿，目的在于有依据地进行造型活动。但是重要的是要保持研究对象原来的机能、材质特点、形态特质、结构和功能等要素，并非单纯的模仿形态。对自然界植物系统的研究，还要通过对其周围环境，生长要求，如空气、温度、土壤、养料、天敌等及自身与周围环境循环系统的关系进行观察和把握，尽可能地用文字和图形对其形态的生成作详细描述，也就是尽最大努力了解所研究对象形态生成的原因（见图 6.5）。提示：前期的研究一定是困难的，我们的课题并不是穷尽医学或者生物学的理性描述，在尽最大努力的研究后，严谨的研究态度、自主的学习和适者生存的造型理念是学生应该建立和有所意识的。

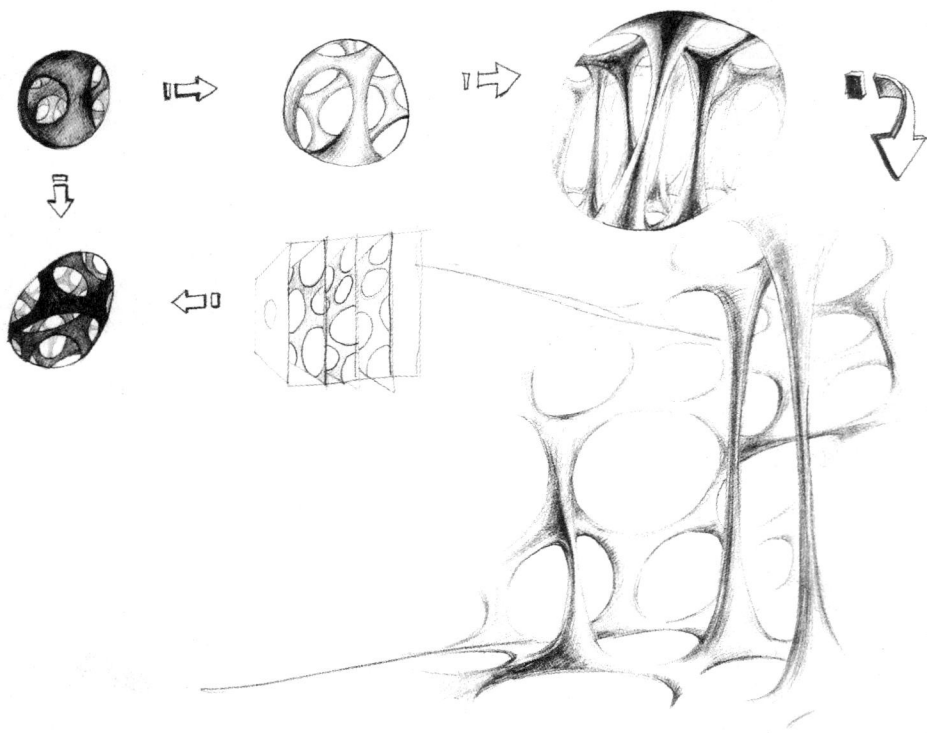

图 6.5

2. 材料及方法的实验阶段

在这个阶段中，需要学生有组织的进行分组、分工和协作，既可以培养学生的交流、沟通、协调的能力，也有利于课题的深化和深度拓展。该课题的学生人数是 6 人，在一定的讨论、研究的过程后，选择若干方案进行材料和成型方法的探索，材料不限，包括石膏、纸板、木材、塑料等。学生选择某种材料时，首先要解决的是该种材料的成型工艺，并通过不同材料互相之间的成型关系进行试验性的探索。我们选择每组学生在摸索过程中的不同方向进行描述，具体方式如下。

（1）材料和成型方法探索 1。

选择的原型所具有的空间感给我们的主要感觉是容纳、包容，所有的造型目的都围绕如何塑造形态的空隙而展开。我们所看到的骨骼结构图所呈现的不规则缝隙，是抽离了能量物质以后的模拟模型。

因此，造型的主导思想是通过能量的运动产生的力，作用于另一种物体上产生新的形态。对于能量的力的选择可以分为：充盈的、坚硬的、柔软的、热的、冷的等。

图6.6呈现的是试验的初级阶段，利用充满气体的气球和石膏为主要材料进行试验，过程是探索性的、试验性的，更有一种偶然的巧合的情趣。因为充满气体的气球的柔韧性、可塑性与石膏的快速凝结的结合是不可控的或者是有意识不可控制的。制作的过程是快速的而且是多次的积累，并不刻意要求制作的精细，对材料选择的准确会直接影响成型最终的精度，而这精度是依靠材料和材料性质的相互作用得来的。

图 6.6

气球的容纳和石膏材料的试验可以拓展到利用外力的影响。从外部施加一个作用力，在石膏还没有固化时寻求一种造型的变化。这个过程同样是多角度反复的不断试验的过程。经过这样的一系列思考和制作后，我们可以得到无数形态各异非人工雕琢的曲面结构形态（见图6.7）。

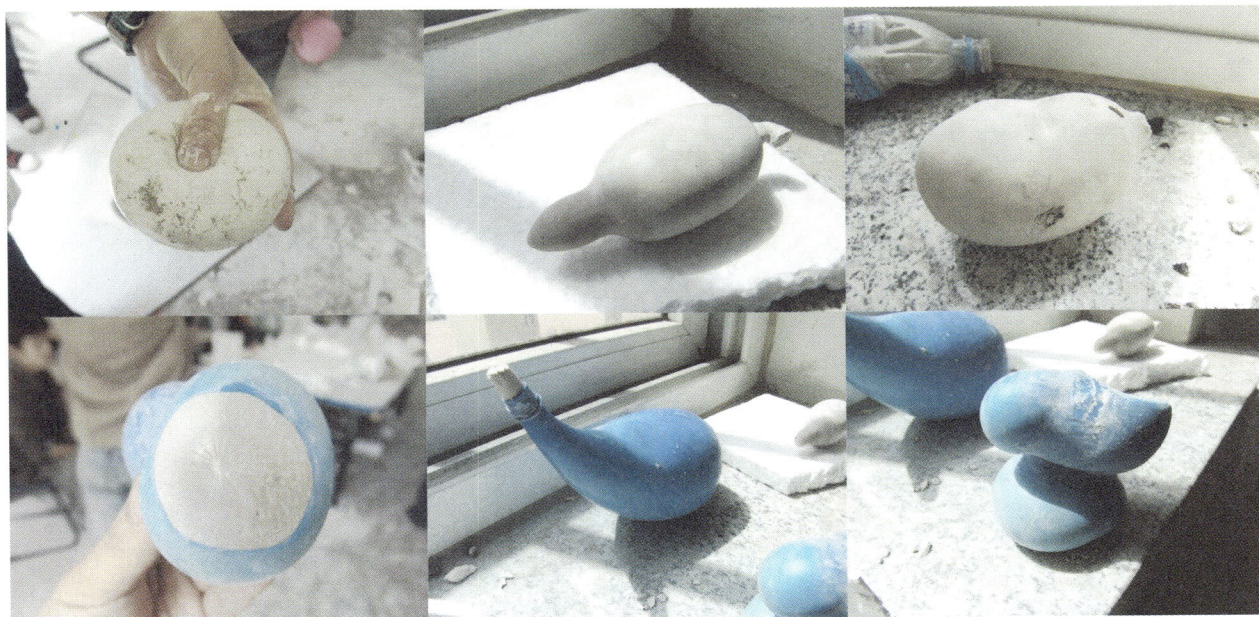

图 6.7

（2）材料和成型方法探索2。

图6.8和图6.9呈现的是利用乒乓球和石膏进行组合的过程。有秩序的排列形成的空隙被石膏填充，当石膏凝固后，形成一个完整的错落的形体。但是，材料的限制使得形成的整体需通过将固化的

模型进行有目的的破坏和重组后，才能得到想要的成果。每个曲面结构形态各不相同，很难找到完全相同的一组形态。对形态的把握虽然是非人为的，但是这样的过程有助于创造更多的形态感觉，这次过程中的形态感受是很重要的，也是令人欣喜的。

图 6.8

图 6.9

（3）材料和成型方法探索3。

图6.10和图6.11所呈现的是注水的气球与石膏的结合成果。经过多次的试验后，发现要想获得完整的有间隙形态，两种材料的脱离是一个要解决的问题。把气球中注满不同体积的水，成型后将水放出，抽离出气球，将是一个比较好的解决办法。同时，更是一个发现问题和解决问题的过程。此类训练的自由度比较宽泛，限定的要求在制作和思考的过程中不断产生，并会随着试验次数、难度的提高，对成型的材料、工艺、结构等产生新的要求和问题，并会通过研讨和制作进一步的寻找解决问题的方法。

图 6.10

图 6.11

这样的训练形式使得团队的协作尤为重要。必须经过多次的分工和讨论，才可能使得课题的进行更加宽泛，解决问题的层面才会越来越接近于专业。专业能力同样包括与人的交流和在团队中的自身价值的体现。课题的延展性和自由度使这样的操作形式成为可能，学习的一个重要的环节是同学之间的交流和促进。通过课题这样一个专业载体，互助协作、勤勉刻苦、不畏艰难、坚持不懈等优秀的人文价值品质，得到了很有利的发扬和融入。这种学习的能力和做人做事的品质，比专业本身所带给学生的影响具有更加深远的意义的（见图6.12）。

图 6.12

（4）材料和成型方法探索4。

图6.13所呈现的是利用是热熔的蜡烛和冰的结合成果。在完成了几组的试验后，对形态的探索并不满足于结构与材料的契合，更加自由的畅想同样来源于对自然原型的充分理解和词语的表达。能量的充盈和抽离，这样的理念基础促使学生追求更富有情感的表达。这组作业通过一个大胆的设想而实现，通过热熔的蜡烛和冰块结合。在规定容器内，将熔化的蜡浇筑在形状各异的冰块上，并随着热能量的扩大和加强不断的熔化，形体也随之变化而缩小，同时，热熔的蜡的面积在增加，形体随着冰的体积的减小而增大、变化。这一简单而奇妙的过程，使塑造的形体越发的不可控，越发的自由，这样所得到的形体更接近于自然本身，更具有一种艺术感和灵动的力量。形态表面的肌理和整体的形态感受，不是预想所能获得的，对学生的审美敏感度和追求理想有很大的启示。

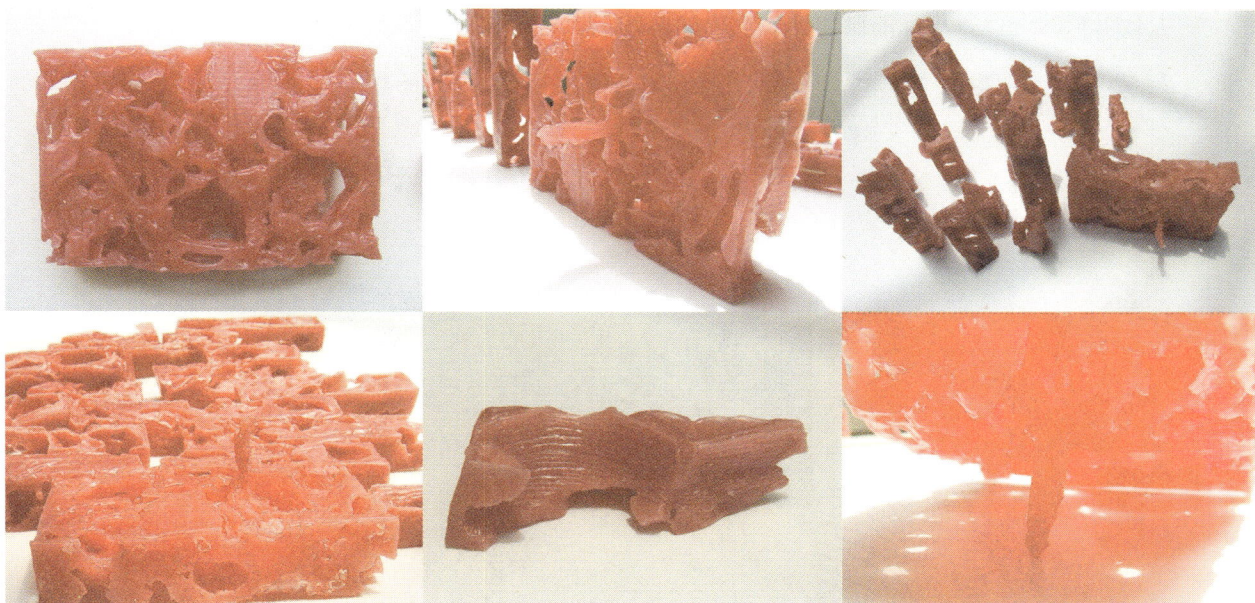

图 6.13

3. 整合再探索阶段

当初步的成型方法探索阶段告一段落后，下一阶段是在总结筛选的前提下，整合学习成果做进一步的探索。每个阶段都是一个完整的过程，相对独立而又有必然的联系，核心的研究基础都不能脱离于自然原型。这一阶段的主要内容是，将获得的形态感受通过更大的尺度表现出来，尺寸控制在 1m 以上。对材料和成型方法的探索，所获得结果并不能被下一阶段所应用。同样的形态，不同的尺度表达，材料和结构等成型因素都发生变化是学生遇到的第一个问题。对于这样一个复杂的曲面造型，在材料方面学生最终选择了质量轻、易加工、可塑性强的苯板。从草图、下料、切割、打磨至最后的组合等步骤，进行了详细的分工制作（见图 6.14）。

图 6.14

学生有组织的进行各步骤的制作，始终以团队的形式讨论和实施方案（见图 6.15）。

图 6.15

模型完成后，通过各种手段对形态进行再次创造。如不同材质的搭配，单体不同方法的组合，各种光线与形体的关系等问题进行尝试和记录，目的在于寻找形态表现的最大可能性（见图 6.16 和图 6.17）。

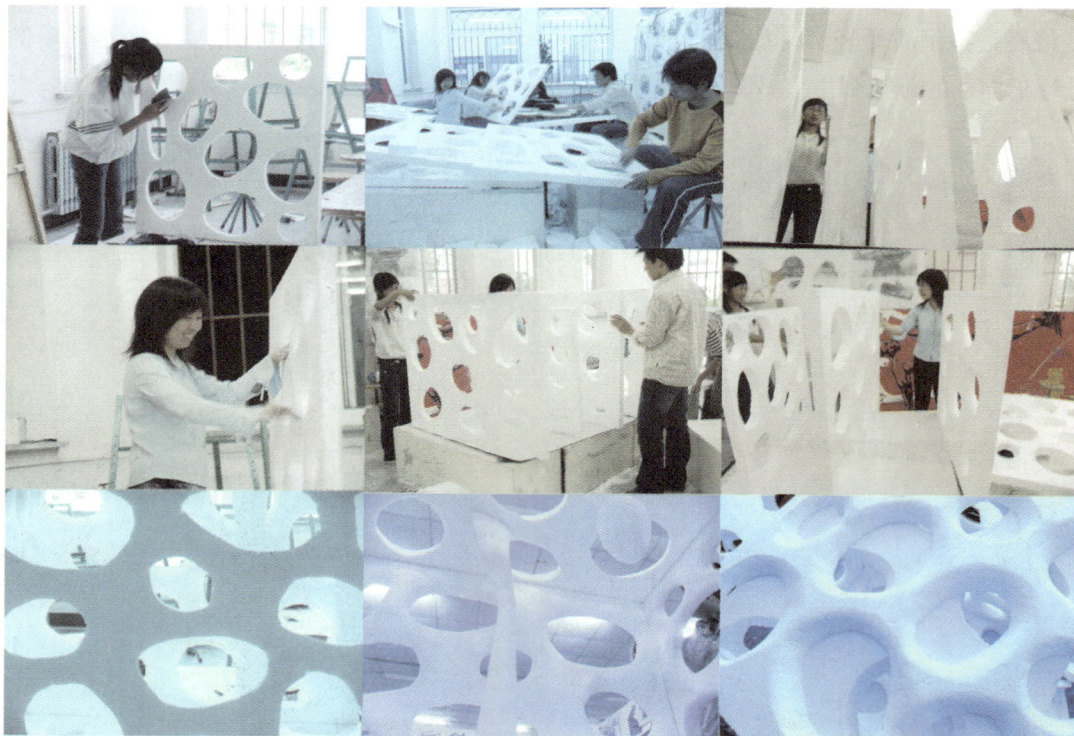

图 6.16

图 6.17

　　这一阶段的形态探索主要有两部分的含义：一方面，是学生延续整体思维，多角度多渠道的探索精神和试验意识，作为基础课程，意识和思想的整合比单纯获得审美能力的意义更加重要；另一方面，造型基础的综合训练要为学生过渡到设计课题中，起到很好的桥梁作用。因此，在这个阶段会强调和关注这样几个问题。

　　（1）造型整体因素。造型的完整性是需要整体的造型思维来推动的，形态的获得是否完善，需要进一步用人的心理和生理感受作为一个重要的指标进行衡量。或者说，所谓的形态的完善实质上是过程的完整，是各种造型手段和方法在一个主题上尝试和筛选的过程。图 6.18 中我们可以看到，学生在已有的造型基础上，因形就势的多次创造，不断完善自己的追求，尽可能的表达出不同的材质、不同的联结方式、不同的光线等因素。

　　（2）人的因素。在这个阶段，有必要把和人的生理和心理的要求、功能拓展的可能性、人的行为方式等问题，有目的的逐渐导入进来。图 6.18 中可以看到，学生把模型作为装置、雕塑、道具等和人的因素有关的行为发生关系，通过人体的动作、交流等方式，获得最直接情感体验。

　　（3）能动的因素。动态感受通过形态自身的动和影像手段获得，作为学生的记录和参考。

　　当研究结果长时间的整合、探究、制作后，对已完成的模型进行拓展式的发现。拓展的过程中又是一个推翻原有观念、打散、重组的过程，可以把人的行为因素、功能因素融合其中。如人的动作：

跑、跳、看等，结合人在其中的过程心理进行记录、总结，从而发现和创造新的利用价值。整个过程，不以注重造型形态的美感为最终评价标准，更注重学生在过程中的收获。过程是实体成型之外的思维和方法上的渗透，分工协作的团队精神凝聚，坚持不懈、不断探索、循环往复的探索意识和品质的积累，更好的体现对学生人格和品质等人文素养的浸润。

图 6.18

6.2.4　课题展示与评价

1. 课题展示选定研究的自然物：海绵动物——偕老同穴

偕老同穴是生活在深海中的海绵动物，这种海绵像网兜，四周布满小孔。偕老同穴的名称和一种称为"俪虾"的小虾有关，这种小虾小而纤弱，它们在很小时，常一雌一雄从海绵小孔中钻入，生活在里面既安全又能得到食物，随着小虾长大，它们在海绵体内再也出不来，成对相伴生活，直至寿终。因此，人们把这种海绵称为偕老同穴。其具有精致的白色网络状形体，活体外表有一薄层细胞。基端窄，有一簇纤维附着海底。取食自体表小孔进入中央腔的有机碎屑和微生物，其形体的残骸为珍品，在日本，人们认为它是永恒爱情的象征（见图 6.19）。

我们接触自然界的生命体，大多是既熟悉实则很陌生的。说它陌生是因为我们很少或者从没有从生物学的角度，去探讨和学习其生长的规律和生活概况，更难从形态的成因角度去系统分析和解读。这样一个没有范本的学习经历，使得我们要放弃以往的灌输式的学习方式，老师和学生同时去学习一个生物的基本知识，同时参与到造型的研究中去。

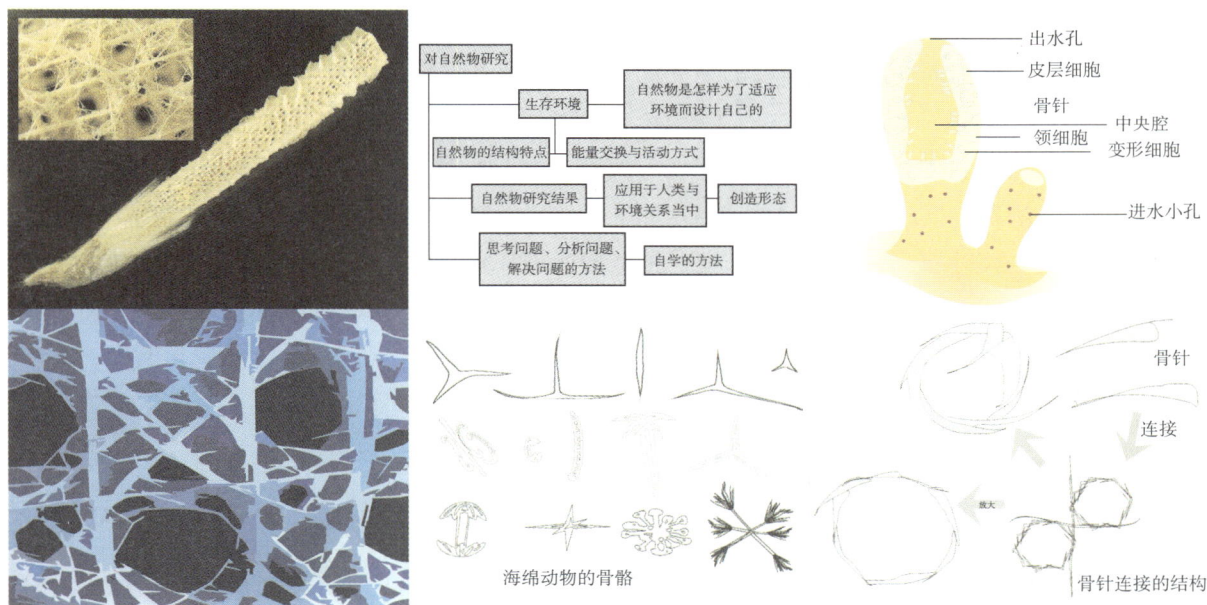

图 6.19

我们的评价标准，也往往不能从单独的片面的结果进行评判。这样的评价一定是整体的、过程性的。我们看到的这个作业，所选取的自然原型是一个很陌生的海洋生物。在没有得到专业人士的指导下，我们所获得的知识是片面的和不完整的。在这样的情况下，需要学生和老师掌握住探索的深度和适用原则，所获得的知识一定是比较权威的著作或专业性书籍。

该作业能够从无到有解读一个陌生的生物，精神是可嘉的，并且通过原型照片、图表的形式进行分析描述是比较可贵的。在制作的过程中，基于研究的成果，材料的选择是比较恰当的，也表现出自然物原型的基本结构特征。但是，不足在于，更多的精力用在对于形态的把握上，而忽略了结构、节点的细化和选型，不能说是一个很完整的造型表述（见图 6.20）。

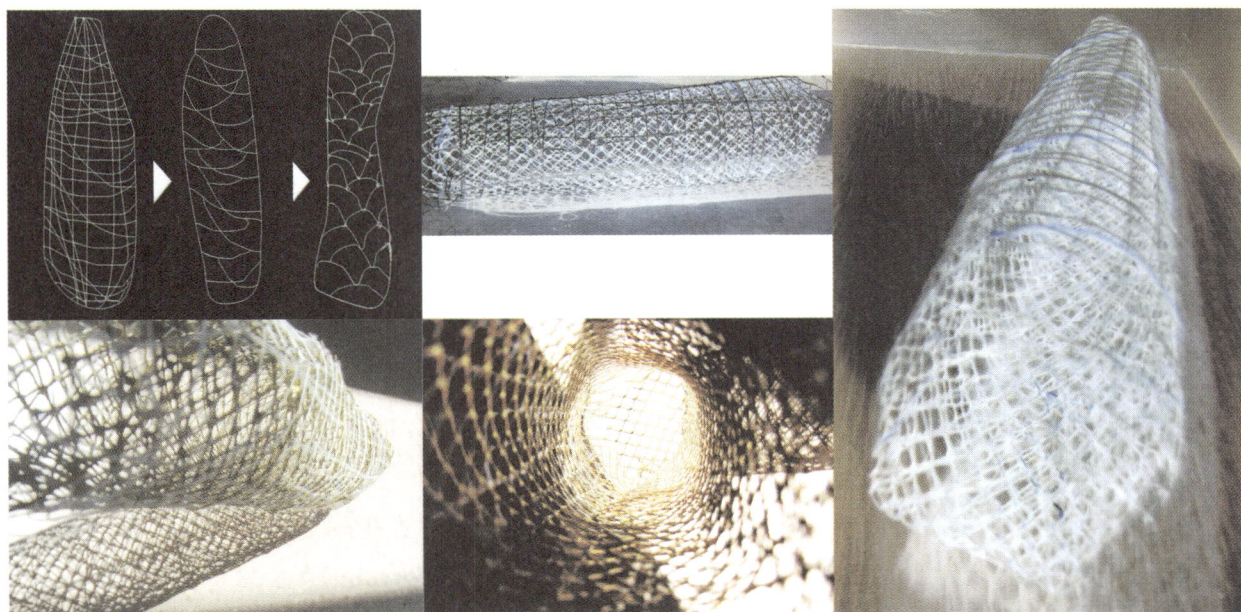

图 6.20

整合拓展的阶段是一个不错的研究成果，总体选择了更加轻质的丝网状材料和金属的骨架结合。重视了表皮和内部结构的关系，更重要的是在此基础上，该作业以此为单体，利用柔韧的金属线材无限拓展，形成了一个类似于可以生长的大型形态。"生长"的理念再次得到了发挥和借鉴，是一个比较成功的作品。在和人的因素结合时，仅仅是将人的尺寸放入空间，而并没有具体探讨所形成的空间与人的关系，或者没有发掘出形态空间在使用功能上的特殊性和必要性。当然，对于造型基础的综合训练，这样的要求有些过高，但是，这个环节对于以后的设计来说确是至关重要。必要的联系和融合的思维意识是一定要具备的（见图 6.21 ）。

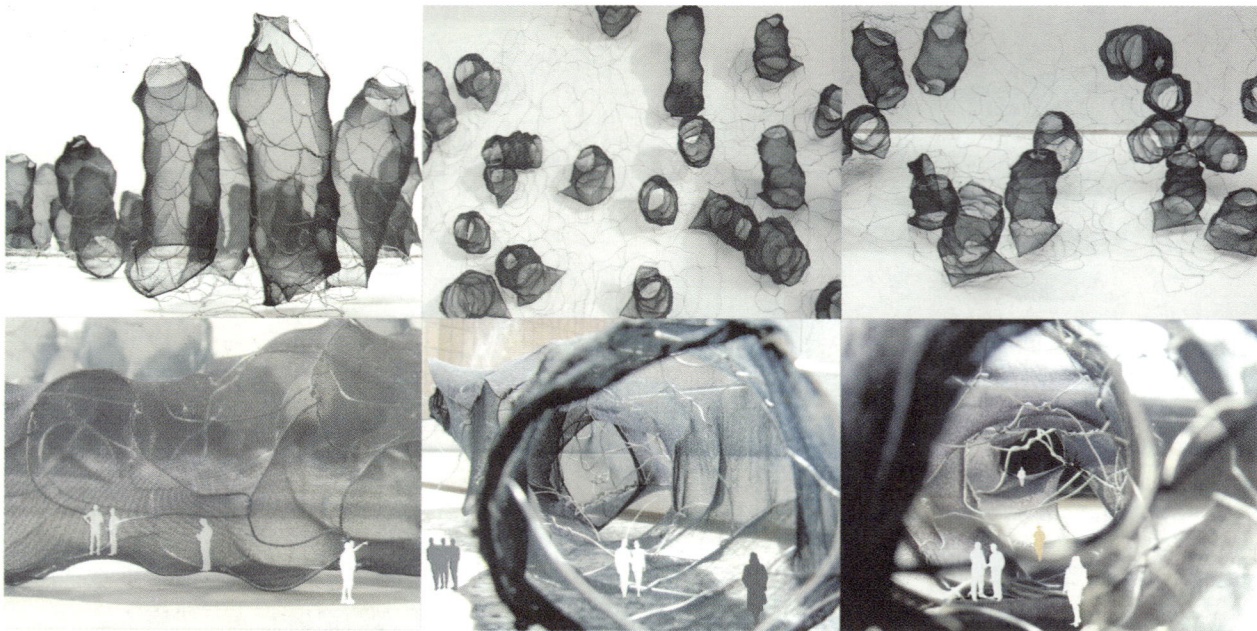

图 6.21

2. 课题展示选定研究的自然物：鹦鹉螺的壳体结构

鹦鹉螺是海洋软体动物，其在地球上经历了数亿年的演变，但外形、习性等变化很小，被称作海洋中的"活化石"，在研究生物进化和古生物学等方面有很高的价值。对于鹦鹉螺的内在遗传性，一时间难以研究，但可以通过环境影响来探讨它，并最终从侧面以形态的角度来解释它。鹦鹉螺的螺线结构符合数学对数螺线，显然，这种现象的出现是鹦鹉螺本身结构与环境相作用的结果，是环境在螺本身结构上雕刻的结果（见图 6.22 ）。

图 6.23 呈现的是对鹦鹉螺的资料整合和分析，对于此类形态的研究中应放在对数学的研究和应用上。利用线材、块材所进行的形态表达，表面上符合螺体结构的特征，但是因为没有深入地研究其中的数学关系，更没有通过数学关系进行造型。应该说，研究的重点不明确，完全是凭借自我的感觉在造型，线材的节点表现也不够巧妙，主观的思维意识过重。

图 6.24 所呈现的几组是由鹦鹉螺研究所得到的成果，依然存在主观臆断的倾向。在这里，我们发现该组作业的表现，没有真正的理解造型的整体思维，依然把自我的审美意识作为造型的首要因素。

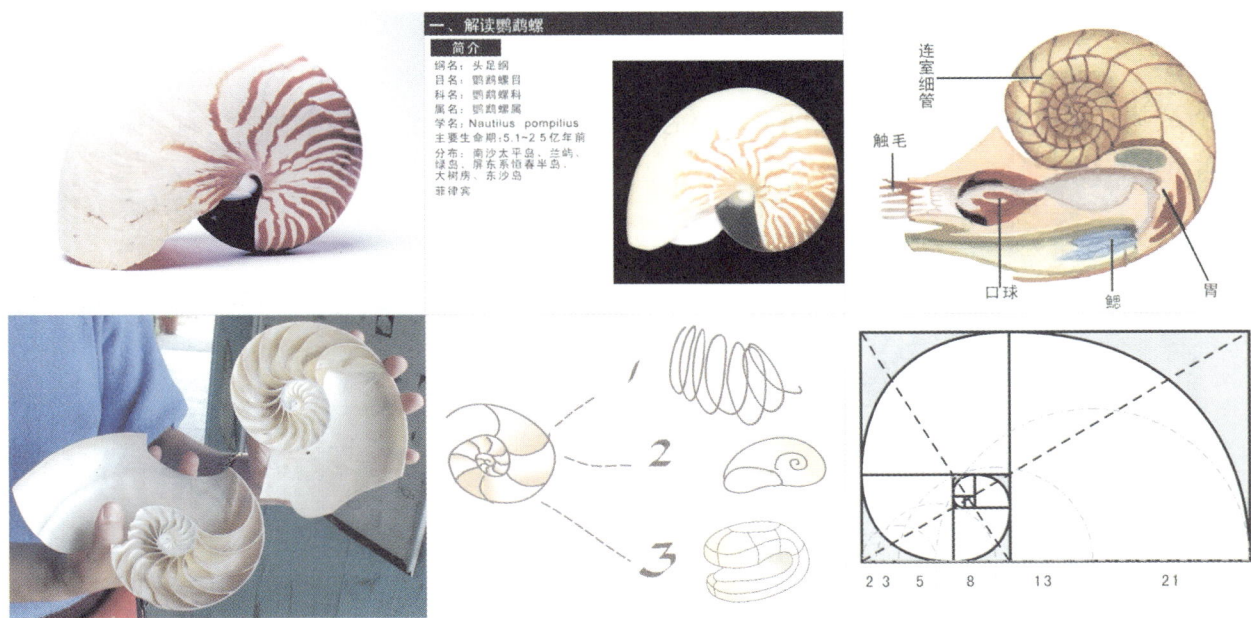

图 6.22

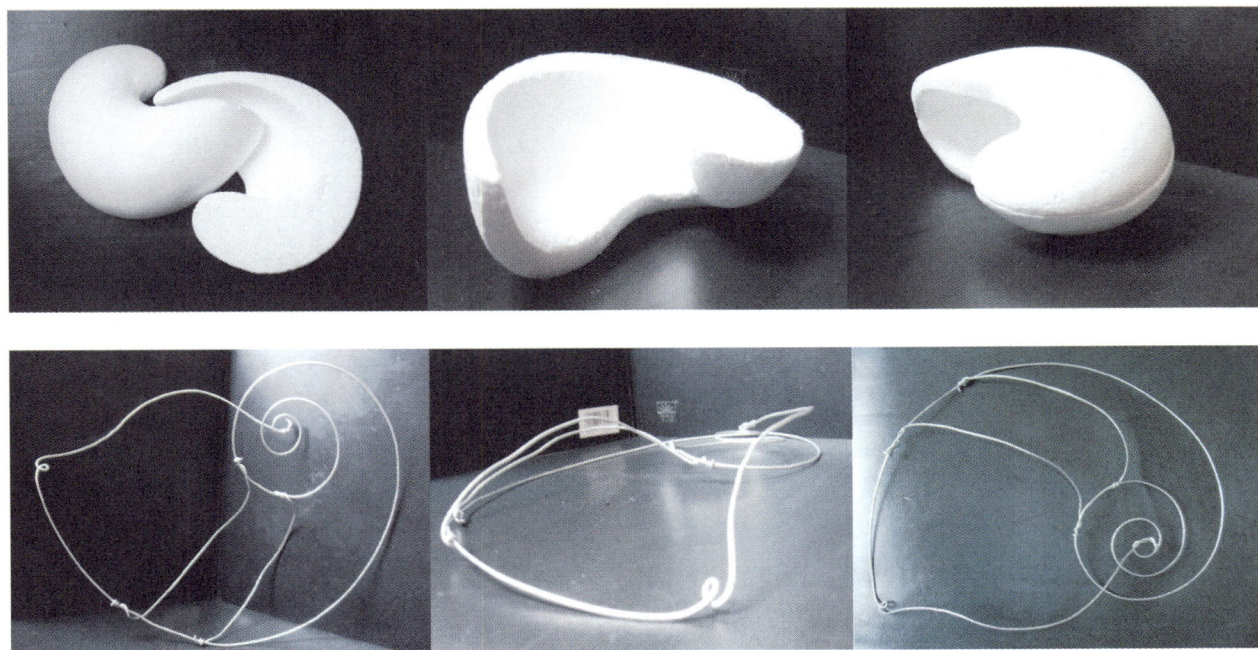

图 6.23

　　作为研究这样一个典型的曲线形态，学会利用数学关系造型是非常重要的。等角螺线、对数螺线或生长螺线都是在自然界中很常见的螺线。如昆虫接近光源的飞行轨迹是呈等角螺线；同样的，当猛禽动态飞向猎物，两者都在移动，猛禽接近猎物的曲线便是等角螺线；在向日葵等很多植物中也能发现螺线结构。我们生存在复杂世界，一切秩序都可以用数学来解释。数的秩序，可以作为造型的一个依据进行掌握和理解。鹦鹉螺存在的对数螺线关系，可以作为这类课题的主要切入点和研究方向。

以上几组作业都没有从数理的关系入手进行形态的创造。更没有从材料和结构的角度深入地分析形态特征，节点和材质的选择过于简单，没有体现出综合造型训练的特征和作用。虽然从形式感的探讨尚有一些收获，但是，并没有达到此次训练的主要目的。应该建立系统的思维方法和习惯，为向设计课题的学习做过渡准备。

图 6.24

3. 课题展示选定研究的自然物：蜂巢的形态研究

一般的蜂巢构造非常精巧、适用而且节省材料。蜂房由无数个大小相同的房孔组成，房孔都是正六角形，每个房孔都被其他房孔包围，两个房孔之间只隔着一堵蜡制的墙。而我们选取的这个蜂巢，它的材质主要由腐败的木质制成，有少量的蜂蜡。

图 6.25 呈现的是对于蜂巢研究后所呈现的研究结果。该作业应该说很完整地体现了设计的思路和程序，对材料的选择尝试比较多样也很准确。在前期的调查中，也对各种材料进行了分析和比对，形成了文字的表述和照片的记录。在探索阶段，所获得的形态造型比较完整，符合多角度多层次的探讨精神。

图 6.26 所呈现的是模型的再创造和拓展过程。在这个过程中，该学生的每个环节都很充分认真地进行分析，制作的材料主要以陶土为主。通过堆积的手法进行塑造，与自然原型的成型方法非常接近。而且在每个环节的表现中，从制图、草模、成品模型制作的都很认真到位，并最终烧制成陶，便于长期保存。

材料分析与实验

可塑泥：
缺点：1 粘结度不够
2 条箍
3 易变形，不稳定
4 结构不合理
优点：1 可塑性强
2 可随意变形

铁丝：
优点：1 可弯曲
2 硬度
缺点：1 接点不好处理
有一些变形

纸浆：
优点：1 可塑性
2 抗摔
缺点：1 不结实
2 容易碎

木头：
优点：1 结实
2 稳定
3处理方法多
缺点：1 结点难处理
2 操作难

图 6.25

图 6.26

本章小结

　　本章所展示的课题是学生在限定条件下学会分析、理性比对、合理选择材料的探索过程。更注重的是学习的方法和态度的培养，从而养成系统性思维习惯，以理性思维寻找解决问题的途径。通过课题把零散的知识点贯穿起来，为学生建立正确完整的设计思维和意识奠定基础。课题中强调这样几方面的内容：首先，是设计思维和系统意识的建立，综合造型基础的训练是连接学科基础和专业设计的纽带，是学生从单一的逻辑推理思维或者形象思维向系统性思维的过渡，综合造型基础的根本是设计思维，是权衡材料、技术、视觉、功能等因素的整合过程，因此，设计思维的形成过程比单一的造型训练更重要；其次，是团队的协作，课题的完成需要团队的协作才得以顺利的实施，这要求学生从设计开始，就需要明确的分工，并制定详尽的调查、分析、实施的细则，学生在其中不但得到的是专业能力的提高，更能培养学生的团结、协作的精神，对自然和社会的关注，设计思维与设计问题的解决是综合造型基础的重心，而课题的选择尤为重要；最后，是侧重于选择对自然形态与空间的认识，并借助已有的科学原理进行分析、整合，使学生在学习的过程中，能逐步建立对自然和社会的关注热情，培养学生树立正确的价值取向和社会责任感，期望可以通过这样的过程使学生关注自我的人格培养。

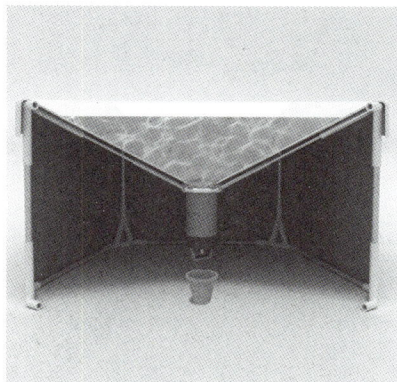

第7章 | 造型基础与产品设计

本章内容

强调造型基础是进行包括产品设计在内的一切专业设计的基础，是知识的基础，是方法的基础，是实践的基础，更是做事的基础。结合具体的设计案例和获奖作品分析造型基础课程中结构、机构、材料、感觉和综合训练对具体产品设计中潜移默化的影响和推动作用。

本章重点

理解造型基础课程对整个设计教育体系的作用以及在整个设计课程体系中的位置，明确其从哪些环节和角度对专业设计产生何种影响，使学生从内心真正意识到课程的价值所在。

7.1　造型基础对产品设计专业的基础作用

造型基础课程作为产品设计专业最重要的基础课程，对整个设计学科来说也同样具有至关重要的基础性作用，其基础性主要体现在以下 4 个方面：

（1）知识的基础。课题训练中不断对产品设计专业中涉及的结构、机构、材料、感觉等方面的重要知识点和关键概念进行了清晰的阐述、验证和区分，不断加深学生的理解和体会。

（2）方法的基础。课题训练中一直弱化最终结果，强化研究过程，目标是使学生逐步掌握客观、理性、系统的分析问题、解决问题的方法，这是今后从事一切产品设计的基础。

（3）实践的基础。课题训练中通过大量的动手操作，使学生掌握各种材料处理方法和加工工艺，使其能快速熟练地制作完成精度较高的作品，这是产品设计专业学生必备的基本技能。

（4）做事的基础。课题训练中的每一个细小环节都需要学生加以百倍的努力来完成，这些细节共同构成了整个课程体系的完整性，也培养了学生严谨的治学态度和精神。更重要的是，学生在反复的实验、挫折、进步的循环过程中增强了做事的信心，能够以一种积极的心态去面对专业上与生活中的新问题和新挑战。

下面从一些具体的设计案例解读造型基础课程的相关训练对产品设计过程的作用和影响（见图 7.1）。

图 7.1

7.2 产品设计案例解析

1. 设计案例：吸尘器原理研究（结构训练对产品设计的作用和价值）

图 7.2 是工业设计专业三年级学生的"吸尘器原理研究的课题"。在传统观念中，对产品原理的研究和开发是设计专业学生很难涉及的领域，因为他们缺乏相关的背景知识。但造型基础课程的结构训练部分帮助学生解决了这个难题，使其对产品的内部构造方面掌握的知识大大增加，动手实验能力显著增强。从图 7.2·可以看出，经过草图、计算机辅助设计及对多个实验模型的研究，设计专业的学生也能够设计并制作出全新构造原理的新产品模型，并且可以进行相应的吸力实验。

图 7.2

2. 设计案例：V 形公交车把手设计（结构训练对产品设计的作用和价值）

图 7.3 是工业设计专业三年级学生完成的课程设计作品"V 形公交车把手"。该方案凭借独特的造型、合理的结构和有效的功能获得 2010 年德国红点概念奖。方案将传统公交车的直杆型把手分段后，经过 2 次 45° 的弯折连接，形成抓握省力、稳固安全的新型把手，同时也能很好解决公交车上人群混乱分布的问题。可以看出，正是造型基础课程的结构训练部分帮助学生建立的产品受力分析方法在该方案的构思和实现阶段起到了至关重要的作用。

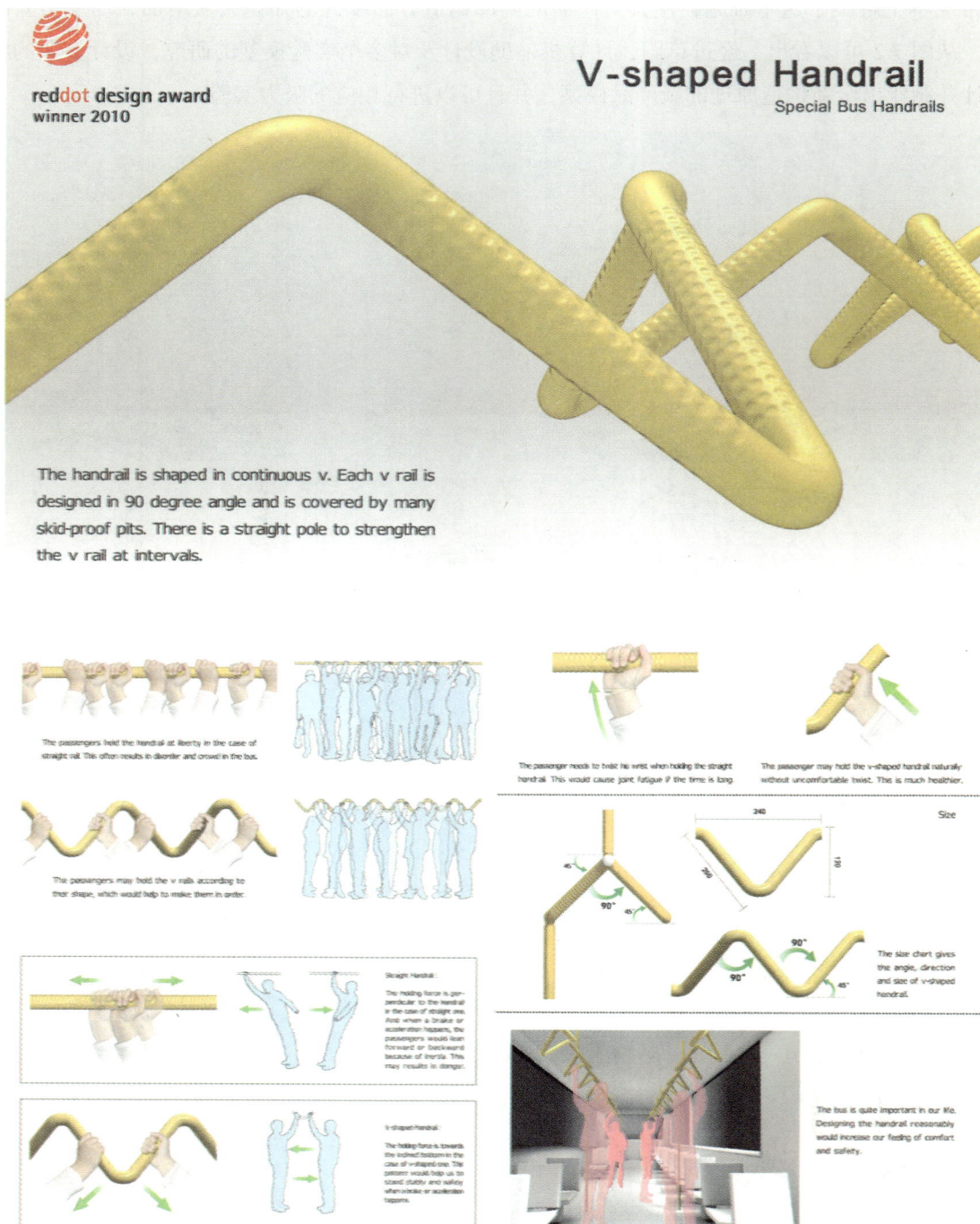

图 7.3

3. 设计案例：迪趣儿童玩具车设计（机构训练对产品设计的作用和价值）

图 7.4 是工业设计专业四年级学生的优秀毕业设计"迪趣儿童玩具车"。该设计凭借其复杂而独特的构造原理和新颖的玩法获得 2009 年全国大学生挑战杯辽宁赛区一等奖。可以看出，该方案实际上是造型基础课程机构训练部分的延伸。学生经过 3 年不间断的改造、深化、完善和 20 多次的实验，将基础训练的课题提升为一件完整儿童产品的高度。其中，造型基础给予学生的知识结构、思考方法和做事态度是决定该设计完整性和深入程度的重要因素。

图 7.4

　　图 7.5 是玩具车的零件拆装图，从中可以清晰地看到玩具车内部的传动机构的复杂程度和精确程度。通过多个紧密配合的转轴、连杆、凸轮等基本传动零件，使轨道中的钢球可以通过车轮的转动实现循环滚动。同时，标准的零部件可以让玩具车通过改变材料，实现快速的产业化。图 7.6 就是通过计算机模拟的塑料玩具车的形态和配色。通过这个作品可以看出，任何设计都无法简单的在图面上加以判断，必须要经过长时间的制作、实验、反馈、修改、再实验才能够达到应用的程度。造型基础课程就是提供给学生这样一个开放的平台和环境，使学生能够真正体会到制作的乐趣。

图 7.5

图 7.6

4. 设计案例：优秀毕业设计课题（材料训练对产品设计的作用和价值）

图 7.7 是工业设计专业四年级学生的优秀毕业设计"书灯"。该设计是对产品形态语义的一次全新探索。将灯融合在书籍的形态中，通过翻书的动作实现灯的开启，给人一种全新的体验和感受。方案实现的前提条件是对材料的合理选择。反复实验后，选择了 1mm 厚的钢板作为基本材料，强化了产品的特殊性，固化了表层形态，也使作品具有一定的厚重感。这种对材料的准确选择和运用一定程度上源于造型基础课程中材料训练部分的巨大作用。

图 7.7

5. 设计案例：优秀毕业设计课题（材料训练对产品设计的作用和价值）

图 7.8 是工业设计专业四年级学生的优秀毕业设计"弹性框架包"。该设计着重探索特殊材料给产品形态和功能带来的新变化。将半透明的弹性沙网材料与金属框架围合的骨架有机结合，形成造型独特，具有一定伸缩尺度，内外储物空间交融的新型概念包。这个方案虽然与实际应用有一定的距离，但也为同类产品的设计开发提供一种独特的视角。正是造型基础课程的材料训练使学生敢于发现和尝试新材料的特殊属性，有助产生新产品。

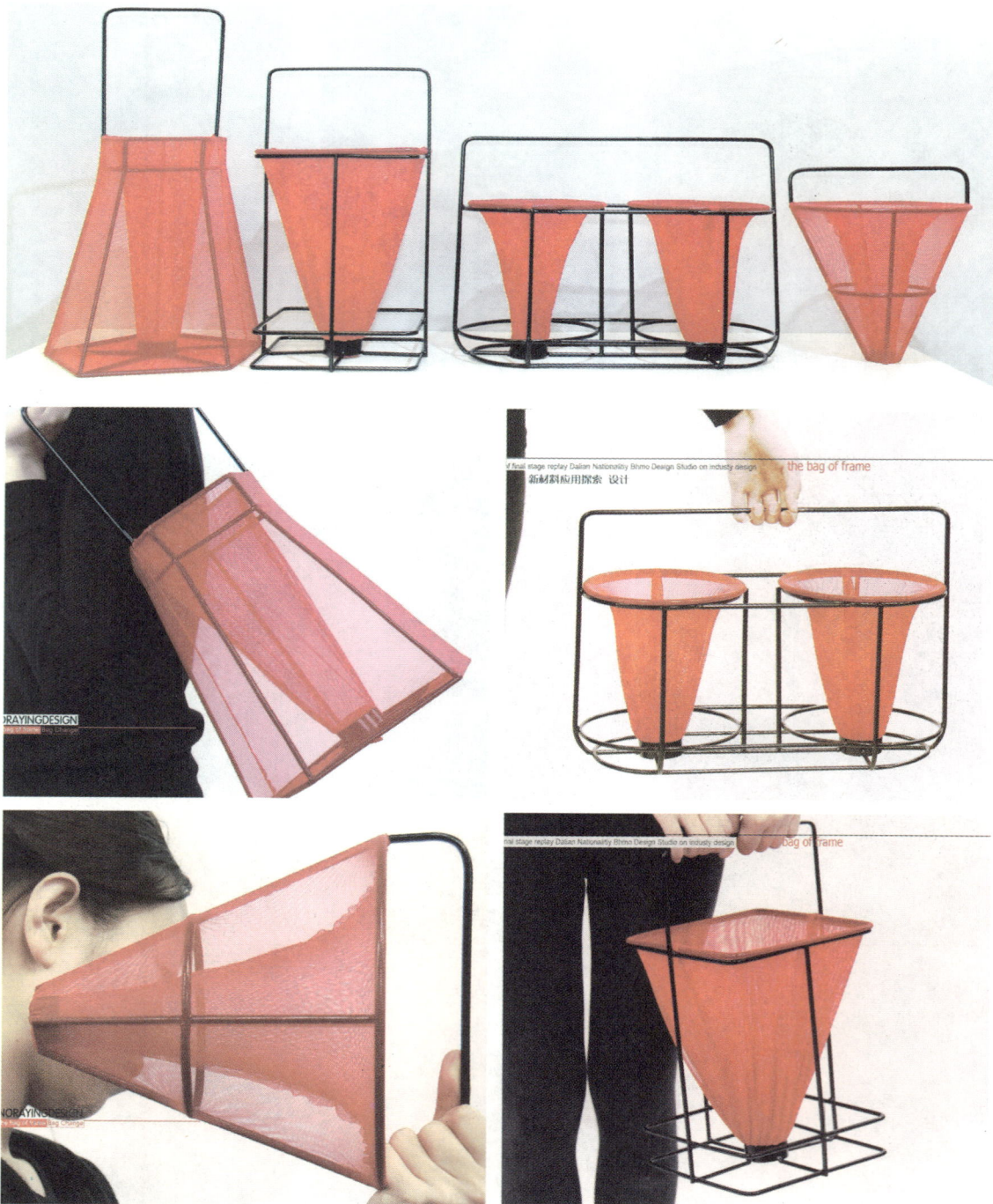

图 7.8

6. 设计案例：优秀毕业设计课题（感觉训练对产品设计的作用和价值）

图 7.9 是工业设计专业四年级学生的优秀毕业设计"数字立体包"。该设计从产品的展卖方式和产品与消费者之间的互动关系两个角度入手，以数字为符号载体，提出一种产品从平面展到立体使用的方式转化，在二维到三维的转换中，带给使用者难以言表的使用体验。要达到这种形态上的特殊转化，一定要有很强的空间感受力和形态控制力。造型基础课程的感受训练部分已经让学生掌握了一整套通过形态传达预期感受的基本方法。

图 7.9

7. 设计案例：优秀毕业设计课题（感觉训练对产品设计的作用和价值）

图 7.10 是工业设计专业四年级学生的优秀毕业设计"山洞包"。该设计从消费者使用产品时的心理感受出发，将包的整体和每一个开口设计成山洞的造型，增加了产品的神秘感和探索性。在物质产品极大丰富的今天，这种突破性较大的改造主要是满足使用者的某些心理诉求，使冰冷的产品更具人性的特征，富有情感。这种对素材的准确选择和对造型语言的熟练运用也是通过造型基础课程的感受训练部分培养的，触动能够直达人们内心的深处。

图 7.10

8. 设计案例：Tent Water Collector（综合训练对产品设计的作用和价值）

图 7.11 是工业设计专业三年级学生完成的课程设计"储水帐篷"。该方案凭借独特的视角、完整的结构、有效的功能和系统的解决方式获得 2011 年美国 IDEA 国际设计杰出奖的金奖。这是中国院校首次获得该项国际顶级赛事的金奖。美国工业设计师协会高级设计经理 Carrie Russell 对作品给出了这样的评价："这是一个非常引人注目的方案，专为发展中国家设计。它将已有的自然资源、简单的实现技术以及群落动态理论结合在一起，来解决日益严重的全球性安全饮用水危机问题。"

Tent Water Collector

Water resource is scarce in many countries, especially in Africa. Collecting and cleaning rain water is important to make up for it, and the tent water collector just provides an effective method . The waterproof housetop can be recessed to collect rain water in a big area. Then the filtering equipment connected with the roof will clean the water and pipe it into house. The main advantages of the tent are as following: big collecting area and volume, quick cleaning and importing equimpment, modular structure and easy to put up.

Using Process

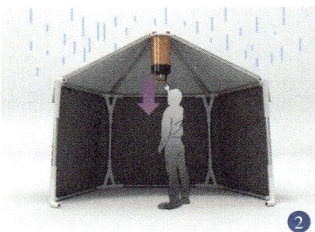

❶ Daily using state of the tent.	❷ Draw the grip to recess the roof when raining, so as to collect water.	❸ Amount of water is stored in the recessed roof.
❹ The water is filtered and imported into house after raining.	❺ Push the grip to raise the roof after collecting, so as to recover the tent.	❻ Collected clean water can be used for life and production.

图 7.11

　　该方案同样也获得 2011 年德国 iF 概念奖汉斯格雅特别奖全球五强，是中国唯一入选作品。图 7.12 显示的是该设计的基本思路、动态原理、过滤系统、出水细节以及组装方式等相关信息。可以看出，方案之所以受到众多知名奖项的肯定，不仅仅是视角独特，解决方式新颖，更在于其背后的完整性和系统化的技术支撑。涉及的结构原理、力学依据、机构变化、材料选用、细节处理等要素都有充分且明确的阐述，可行性非常高。这种对多种知识的综合运用能力正是造型基础课程的综合训练部分所要着重传递给学生的，训练大大提高了学生研究问题的深度和广度。

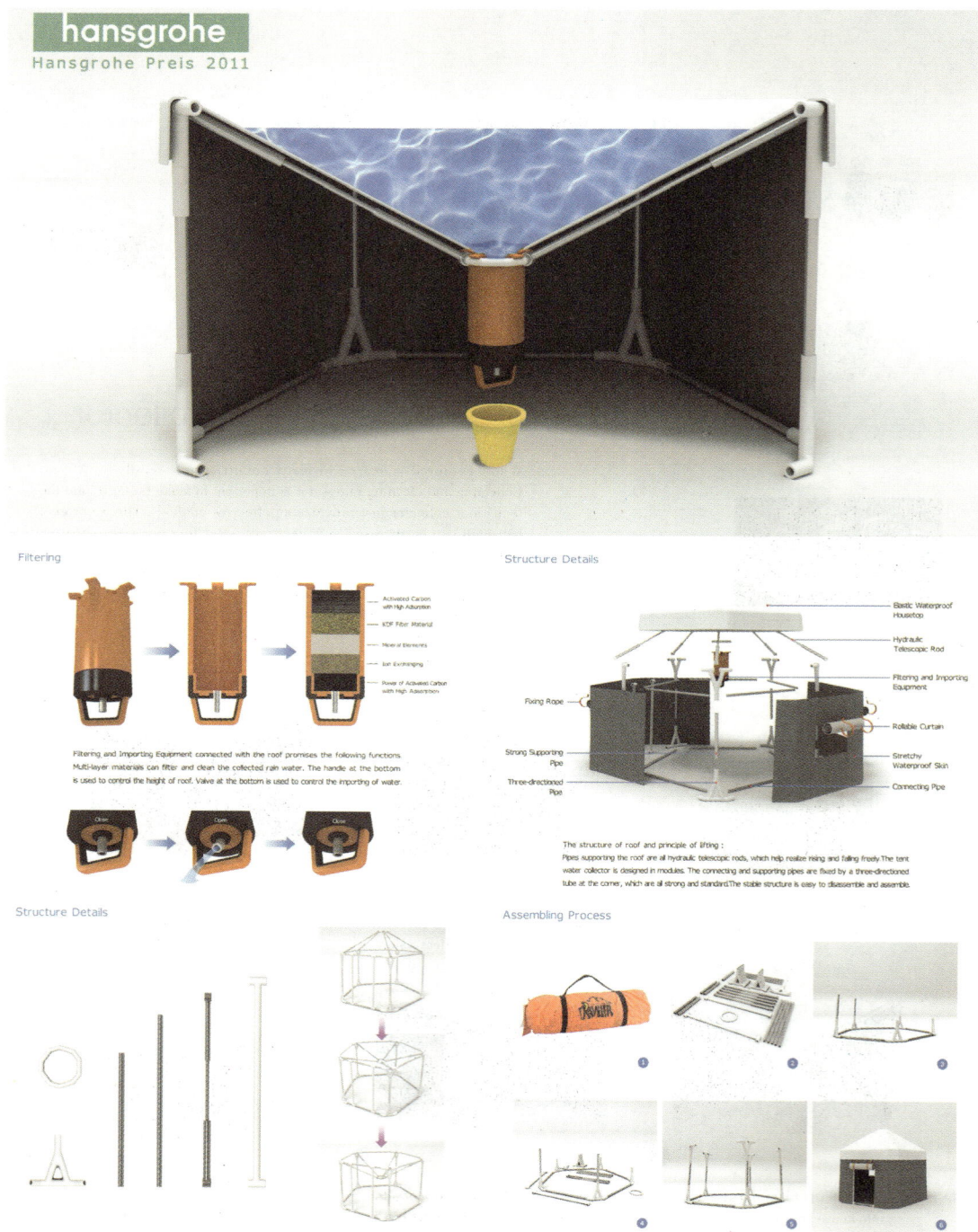

图 7.12

本章小结

本章通过 8 个典型的产品设计案例详细分析了造型基础课程各部分训练内容（结构、机构、材料、感觉、综合要素）对产品设计专业的基础性作用。课程产生的作用有的是直接的、显性的，有的是间接的、隐性的。无论怎样，造型基础课程中所强调的发现问题、解决问题的思路和方法，所倡导的立足生活，勇于实践的精神，以及对学生做事态度和意志品质的磨炼都是其他课程所无法替代的。可以说，造型基础是产品设计专业，乃至整个设计学科基础的基础。

参考文献

［1］马春东.设计基础实技立体 A.武汉：华中科技大学出版社，2005.

［2］细川修.设计基础实技立体 B.武汉：华中科技大学出版社，2005.

［3］邱松.造型设计基础.北京：清华大学出版社，2005.

［4］red dot design concept yearbook 2010/2011 .Singapore：red dot Singapore Pte Ltd ，2010.

［5］2011 iF International Forum Design GmbH .Germany：Verlag Published，2011.

后　　记

在此书结束之际，我简要介绍一下教材的编写背景和我们的研究团队。造型基础系列课程是大连民族学院设计学院于 2001 年开始重点建设的设计学科基础课程，其发展大体上经历了 3 个阶段：① 2001 ～ 2003 年间，主要借鉴德国设计教学及课程体系，派出多名教师参与雷曼先生和柳冠中教授联合主持的造型基础 Workshop；② 2004 ～ 2008 年间，引入日本设计教学及课程体系，多次邀请日本爱知县艺术大学白木彰、西川修教授来校帮助改造和建设相关课程，其间出版设计基础实技立体 A、B 两本系列教材，并于 2008 年受邀参加中国美术学院举办的首届中国（国际）设计基础特色课程提名展；③ 2009 ～ 2011 年间，课程体系进入自我完善深化阶段，根据中国学生的特点和教学资源逐步探索形成适合本国国情的造型基础课程体系。本书正是在这样的背景下完成的，是大连民族学院设计学院师生 10 余年对设计基础教学探索的成果结晶。

大连民族学院设计学院院长马春东教授是我们这个研究团队的负责人。马教授构造了整个造型基础的课程体系，也对课程的不断发展起到巨大的推动作用。大连民族学院设计学院教师包海默、刘雪飞、王英钰分别主持了造型基础课程材料和感觉，结构和机构以及综合造型等部分内容的教学研究工作；邵连顺、王宁、张名孝、王学义、袁庆庆等专业教师参与了课程的具体实施工作。在此，对以上教师为课程的发展所做出的贡献一并表示感谢！

多年来，我们这个教育教学研究小组一直秉承一种理念，设计教育同其他学科的教育一样，不但要使学生通过这个过程掌握基本的专业知识和技能，提升自身的想象力、创造力和行动能力，更重要的是要使学生通过各种实践和磨炼，拥有坚韧的意志品质、顽强的生存能力和高度的社会责任感，这个目标是我们全体教师一直不懈追求的。

本书中所选取的作品的提供和制作者主要为大连民族学院 2003 级～ 2009 级工业设计、艺术设计专业的部分学生。在此，向杨景辉、周婷、李欣睿、王小溪、杨凯琪、赵蕾、于洋、张瑞、王蕊、刘晓普、周真才、宫静静、王玉雷、许增爵、端学静、张玉、张健、杨铭、徐洋、刘正茂、刘远程、李博、邱麒、张学武、朴海龙、郝思涵、扈夏蒙、苗芃芃、张心然、秦帅、于意、乔松、梁莹、暨斌、祁俊洁、王泽龙、刘欢、赵云飞、张魁、曾峰、付玉等同学表示感谢！

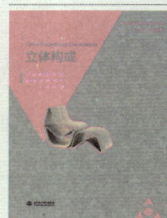